独自入手

海で生き残ってきたいきものにはひみつがあった

オヤビン、大変です〜
ライバルの『週刊ナマコ』にスクープ、先越されちゃいましたよ…
週刊カニ春
芸能班カニ記者

さっそく取材を開始したカニ記者たち…

え～僕？
僕はただ他人のフリをしているだけだけどー。
別にスクープってほどじゃないと思うけどねー

ふむ、ほかの魚になりすましているのか…
メモメモ…

ああ、私がナマコさんのおしりの穴で暮らしている件ですか？
ええ、代々そうしてきたものですから。
特段悪いことをしているわけではないと思いますけど

え、おしりの穴って…
うんことかどうしているんだろうか…
メ、メモ…

取材③
せごどんではないでごわす
カエルアンコウさん

なに？

『週刊カニ春』？

おいはわりいことなんぞしちょらんでごわす。岩のマネっこをすると敵に見つからんし、魚をつかまえやすいだけでもす。なんも話すこちゃないど

取材④
あーあ恋がしたいなア
カクレクマノミさん

え、取材？

僕そんなことより、身長伸ばすのに忙しいんだけど！

ひみつなんてないよ！

ただ僕らは群れの中で一番体が大きくないと、子ども作れないの！

それだけ！

取材を終えたカニ記者たちは

オヤビン、これで「海のいきもののひみつ」のウラどり、バッチリですよ！


よし、さっそく記事を書くぞ！

いそげ、入稿だ！


明日発売の記事を急いで作ることに…

ギリギリ「進化と工夫」

「ええ、生き残るためならなんでもやりますよ、僕。先祖代々、他人のフリをしてきたからこそ、僕は今ここにいるわけですからね」

衝撃的な証言を口にするのはニセクロスジギンポ氏。小誌の取材で、ホンソメワケベラ氏へのマネっこ（＝擬態）を認めたのである。

「私はほかの魚の体の表面についた寄生虫などを食べてそうじしてあげることから、クリーナーフィッシュと呼ばれています…。ニセクロスジギンポさんは外見を私に似せてほかの魚をだまし、魚の皮膚をかじり食べていると聞きました…」

なりすましは生き残り戦略？

そう語るホンソメワケベラ氏は〝そうじをしてくれる優良魚〟として魚界では有名なクリーナーフィッシュ――ニセクロスジギンポ氏はここに目をつけ、体ごと彼女になりすまして敵におそわれる危険性を回避。さらにまんまとほかの魚の皮膚をかじっているというわけだ。

海の中での〝マネっこ劇場〟はこれだけではない。もはや枯葉にしか見えない高度な擬態をするナンヨウツバメウオ氏や、おそってきた敵がこわいと思う姿に変身して身を守るミミックオクトパス氏。毒のある魚のもようをマネし、敵に食べられないようにしてきたノコギリハギ氏は、本家のシマキンチャクフグ氏と見分けがつかないほどそっくりだ。

中には、中途半端に海藻をマネている魚もいる。

「え、私の擬態がバレバレですって？　ゆらゆらゆれる私は海藻にしか見えないはずですよ。ゆら、ゆら」

しかし、ヘタでも海藻に擬態するこのダンゴウオ氏のお腹には、ヒレを進化させてできた吸盤がある。このおかげで擬態中も岩に

気を抜いた瞬間、敵に食べられる。子どもを産むのもひと苦労――。そんなきびしい海を生き抜いてきた海のいきものたち。知恵をしぼり、進化と工夫を重ねてきたそのひみつを追う。

週刊カニ春

総力取材!
海で生き残ってきたいきものたちの本当の理由

特集

実名告白 ## 海の中での

本心はどう思っているのだろうか…

はりつき、波に流されないというから驚きだ。そう、彼らはきびしい海で生き残るため、独自に進化してきたのだ。

命をつなげるために性別を変え…

小誌が取材を進めていると、ある若者に出会った。

「僕、結婚したくてもできないんです。群れで一番大きい魚同士がカップルになると昔から決まってて…」

さみしそうにほほえむ彼はカクレクマノミ氏。彼らは体の大きさによってオスにもメスにもなれる、〝性転換〟をする魚だ。人間界では、男女がはっきりわかれていることが多いようだが、魚界では性転換も決してめずらしいことではない。食うか、食われるかの弱肉強食の海を生き抜く彼らに必要なのは、効率よく強い子孫を残すこと。それが性別を変えるという繁殖システムにつながったと言われている。

パートナーを見つけて、子どもを産み、子孫を残す――性転換をはじめ、海のいきものたちはいつも命をつなげることに必死だ。出会いが少ない深海ゆえ、メスの体の一部になって子孫を残すチョウチンアンコウ氏。コモリウオ氏は、おでこのフックに卵を引っかけて安全に子育てをしている。一見ふしぎに見える彼らの生態だが、これはかこくな海を生き抜くためあの手この手をつくした進化の結果なのである。

海のいきものたちには、たしかにひみつがあった。その証拠に、彼らは口をそろえてこう言っていた。

「はい、今日もなんとかギリギリ海で生きてます…

オヤビン、記事好評っすね!
それにしても深海の取材大変だった…
カニなんて深海に行くもんじゃないっすよ!

週刊誌の記者たるもの、どこにでも足をはこぶのだ!
がははは!

はじめに

周りをぐるりと海に囲まれた島国日本。

水族館の密集度は世界一。

魚料理の幅広さも抜群。

こんなに海に恵まれた国、ほかにあるでしょうか！

カニ記者がネタ探しに走り回るのも納得です。

そんな日本に暮らす私たちですが、身近なところにありすぎるせいか、
まだまだ気づいていない海のいきものの魅力がたくさんあるように思います。

よく「魚には性格があるの？」「気持ちがあるの？」と聞かれます。

あるんです！

空気の世界に生きる私たちと、水の世界に生きる彼ら。

近くて遠い存在ですが、彼らの個性に気づくと心を通わせることができるようになります。

もっと海のいきものに親しみをもってもらいたい。
そんな想いで、この本では、僕がこれまで触れ合う中で感じてきた彼らの性格をキャラづけし、進化のふしぎや生き残るための工夫について語らせています。
魚が動けば、心が動く。
あなたの心にそっと住みつく、素敵ないきものに出会えますように！

鈴木香里武

もくじ

第1章 身を守るためにいつも必死です。

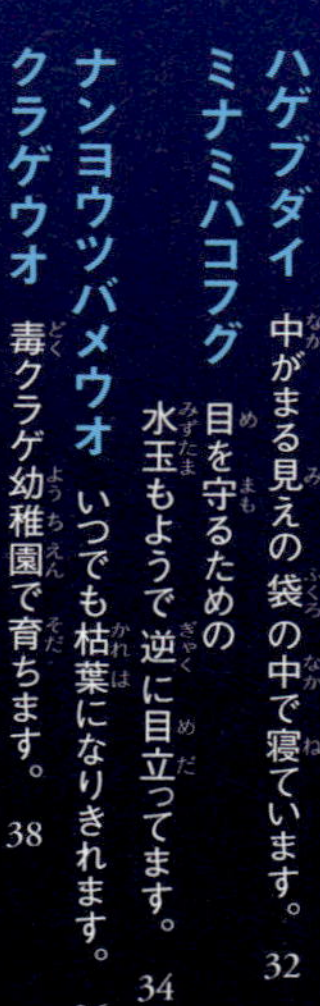

第2章 まいにちギリギリで過ごしてます。

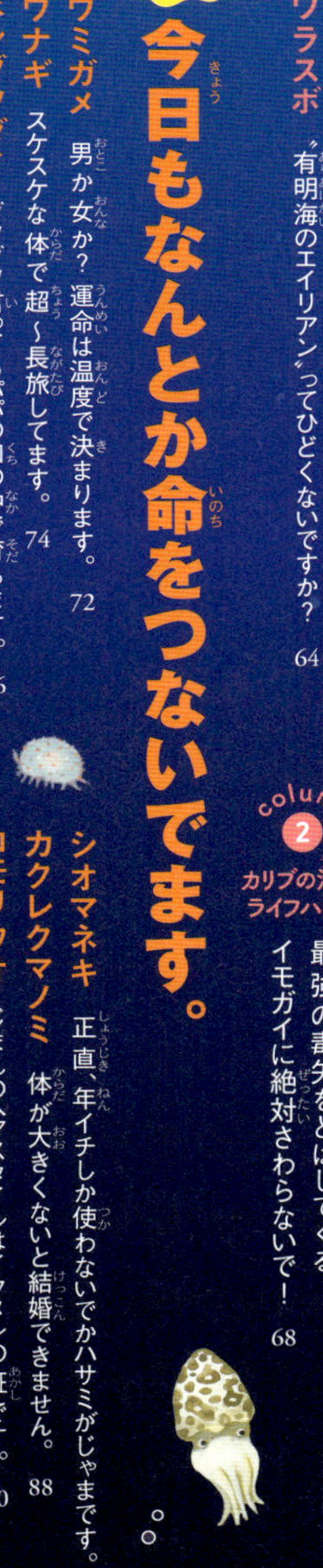

第3章 今日もなんとか命をつないでます。

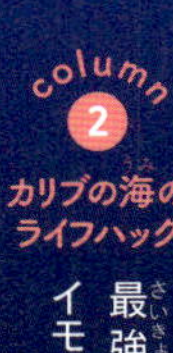

第4章 せっかく生き残ったのにへんな名前をつけられました。

第5章
深～い海の中でがんばってます。

イラスト／eko・OCCA・カラシソエル
カバーデザイン／坂川朱音
本文デザイン／坂川朱音・田中斐子（朱猫堂）
DTP／NOAH
校正／鷗来堂
編集／宮本香菜
／高見葉子（KADOKAWA）

うむ、我々
週刊カニ春も
負けてられんな！

すご～い！
いろんなことが
書いてあるカニね

この本の見方

この図鑑には、海のいきものたちの
さまざまな情報が載っています。
読めば読むほど、海のいきもの博士になれる！

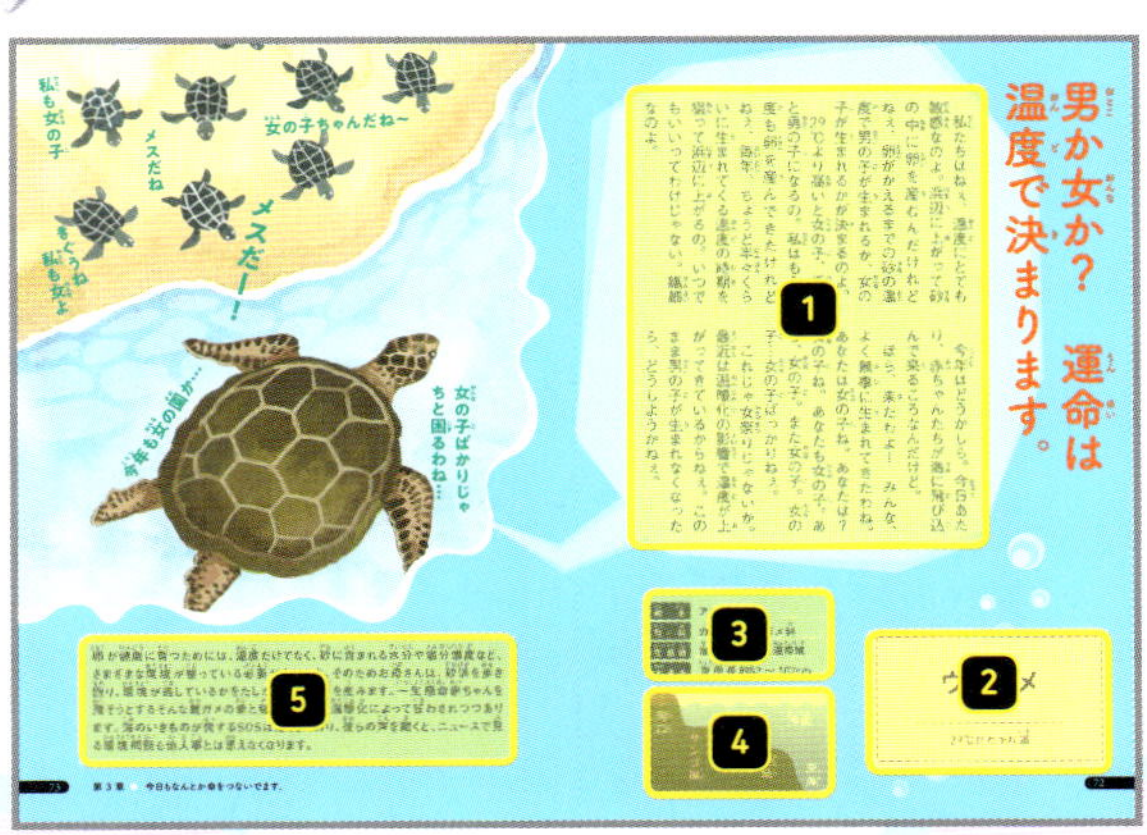

1 海のいきもののお話

海のいきものが主人公となってみなさんに
お話をします。個性あふれる
キャラクターにも注目してください。

2 海のいきものの名前

海のいきものの通称が載っています。
おもしろキャッチコピーも
ぜひチェックしてみてください。

3 海のいきもののデータ

和名 … 日本で呼ばれる海のいきものの
正式な名前（標準和名）
※和名のないいきものは英名で表記。

目・科 … 生物分類にそった
海のいきものの仲間わけ

生息地 … 海のいきものが住んでいる場所

大きさ … 海のいきものの大きさ

※主に魚類は、全長表記（アゴの先端から尾ビレ末端まで）と体長表記（アゴの先端から背骨の最後まで）で示しています。

4 海のいきものがいる水域

海のいきものが住んでいる環境を
示します。この本では河口（干潟）・
サンゴ礁・岩礁・砂地・海面・深海
の6つの水域にわけています。

5 くわしい解説

海のいきものがお話しすること以外のくわしい生態などが載っています。著者の実際の飼育経験などからもお話ししますので、海のいきもの博士になるならここを読みこむといいでしょう。

第1章

身を守るために いつも 必死です。

食うか、食われるかのサバイバルな世界を
海のいきものはいろいろな方法を使って生き抜いてきました。
その方法のひとつである“擬態”は海のいきものたちの
工夫のひとつ。岩や海藻などの環境になりすましたり、
ときには別の魚をマネっこしたりしながら、敵から逃れ、
身を守ってきたのです。ほかにも敵を驚かせたり、
安全のために住みかを工夫したり…。
一見、ふしぎに見える彼らのがんばりは
どれも思わず応援したくなるほど愛おしいものです。

4コマ

海の中劇場

誰がしゃべっているか当ててみよう

ここいらで誰が一番擬態がうまいのか決めようじゃないか!

まあ、私だろうがな!

はぁ?僕なんて体ごとマネっこしてるんだよ?

僕が一番擬態がうまいから!

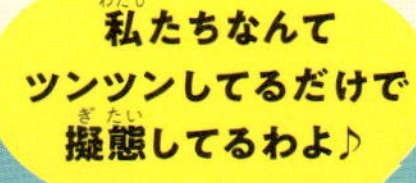

3 1
4 2

正解 1:ミミックオクトパス 2:ニセクロスジギンポ 3:ヘコアユ 4:ミナミハコフグ

正体不明の“海の忍者”とは私のことです。

海では多くの者が忍者を名乗っているようだな。枯葉に擬態する者、砂に隠れようとする者。皆、生き残るために変装しているようだ。

だが、ぬるい！ どいつもこいつも甘っちょろくて、海の怪人四十面相たる私の足元にも及ばん。本当の変装と言うのはな、状況に応じて姿を変えることだ。襲われたらそのいきものが恐れる敵の姿に化ける。広い海と言えど、こんな術を使えるのは、私くらいのものだろうな。

シマシマもようで細長くなれば…どうだ、毒牙を持つウミヘビにしか見えないだろう。足を広げてゆっくり漂うと毒トゲを持つミノカサゴだ。これはなんだかわかるか？ そうだ、ヒラメに擬態して砂地を高速移動だ。

なに？ 私の正体が知りたい？ よし、特別に見せてやる。見よ、これが私の正体だ…ってアレ？ 本当の私はどんな姿だったっけ？ 擬態しすぎてわからなくなってしまった。私は何者だ？ だれか教えて〜。

英名	ミミック・オクトパス
目・科	タコ目・マダコ科
生息地	紅海からニューカレドニア、南西諸島
大きさ	体長約30cm

ミミック オクトパス

海の怪人四十面相

「ミミック」は英語でマネをするという意味。ミミックオクトパスはその名の通り、海の変身名人です。色、もよう、体形を瞬時に変えることができる彼らは、クラゲやヒトデ、イソギンチャクなど、40種類もの擬態レパートリーを持つと言われています。それも、襲ってきた相手が何者かを判断し、撃退するのに適切な敵の姿になりきることができるというのだから、彼らの知能と判断能力には脱帽ですね。彼らはこうやって変身しながら、海で生き残ってきたのです。

“なりすまし”も生き残るための作戦です。

こんばんは。海のニュースです。シマキンチャクフグの群れの中に見た目が似ている別の魚がまぎれこんでいる可能性があるとして、警察が捜査中です。番組では本人を独占取材しました。

ノコギリハギ「心外です。大きさも色ももようも、完全にシマキンチャクフグじゃないですか。どこがちがうと言うのですか？　はい？　ヒレの大きさがちがう？　そ、それは、個性ってもんでしょう。背中にトゲみたいなヒレがある？　ファッションですよ。もう放っておいてください」

…続報です。ノコギリハギは毒を持っていないことが新たに判明しました。警察は、毒のあるシマキンチャクフグをマネした詐欺の疑いで、逮捕状を請求しました。これを受け、本人は次のように述べています。

ノコギリハギ容疑者「本当にお願いしますよぉ～。そのことだけはだまっててくださいよぉ～。僕に毒がないってバレたら、敵に食べられちゃうじゃないですかぁ～」

和名	ノコギリハギ
目・科	フグ目・カワハギ科
生息地	伊豆半島から琉球列島
大きさ	体長約8cm

ノコギリハギ

海中“まねっこ劇場”の立役者

シマキンチャクフグさん

僕のマネしすぎ…

どうかだまってて
ください…

ノコギリハギさん

毒があったり、食べたらまずかったりするいきものに擬態し、身を守る魚がいます。ヒラムシに擬態するアカククリの幼魚、ウミウシに擬態するツユベラの幼魚などもその一例。毒のあるシマキンチャクフグは、コクハンアラの幼魚にもマネされているので、擬態先としては大人気です。擬態して身を守れるということは、「この見た目の魚は毒入り」という約束が海の中にあるということ。その約束がどうやって海の中で広まっているのか、ふしぎだと思いませんか?

自慢のヒレのせいでよく逃げ遅れます。

おぬし、上から襲ってくるとは、ひきょうだな。だが拙者は忍術使いぞ。いざ！　忍法、砂隠れの術！（ザザッ）
…どうだ、背中が砂と同化して、どこにいるかわからぬだろう。たとえ見つかっても、拙者は逃げ足が速い。ふっ、あきらめるがよい。
…ぬぬ、おぬし、まだこっちを見ているのか。しつこい奴だ。こんな相手に使うほどのものではないが、しかたない、拙者の奥義を披露しよう。いざ、覚悟っ！　羽衣の術！

ふっ、さぞ驚いただろう。拙者がこの鮮やかな羽を広げて、逃げ出さない者はいない。そうだ、逃げるがよい。もう二度と会うことはあるまい。
…な、なぜ戻ってくるのだ。ほれほれ、羽を広げておるのだぞ！　おぬしなぜ驚かんのだ。いかん、に、逃げねば。ぬぬぬ、なんと！　羽がじゃまで速く泳げないではないか！　しかたない、閉じて逃げよう。おい見ろ、羽だぞ羽！　なぜ驚かん。くっ、これでは速く泳げないではないか！　羽を閉じて逃…（以下略）。

和名	ホウボウ
目・科	スズキ目・ホウボウ科
生息地	北海道から九州、東シナ海
大きさ	体長約40cm

ホウボウ

美しいけどマヌケちゃんの一面も

美しく広がる羽、左右3対の足が特徴的なホウボウ。どちらも胸ビレが進化したものです。足先には味を感じる部分があり、海底を歩き、味見をしながら食べ物を探すことができます。岸壁採集をしていると、ときどき砂地にホウボウを見かけます。羽をたたんで歩けば砂に紛れて見えづらいのに、網を近づけると、パッと羽を広げて威嚇してくるので、一気に目立ちます。鮮やかな羽は威嚇にもってこいですが、閉じないと速く泳ぐことができないというのはなんとも残念です。

バレバレだけど、海藻のふりがやめられません。

うん、今日もバレてない。私がここにいることは誰にもバレてないわ。ゆら、ゆら。通りすがりの魚がこっちをにらんでるけど海藻にしか見えてないはず。ゆら、ゆら。

ダイバーさんがすっごくカメラ向けてくるけど、私を撮っているんじゃないわ。きっとうしろの海藻を撮っているのね。ゆら、ゆら。

動きだけじゃなくて、色もカンペキよ。ここは赤い海藻が多いから私の体もきれいな赤色。まわりに合わせて色を変えてるの。バレるはずないわ。今までずっとこうやって海藻のふりをして、私は海で生き残ってきたんですもの。ゆら、ゆら。

ず～っと吸盤でくっついているからお腹がムズムズしてきたわ。ちょっとだけ移動したいわね。すい～、ぺたっ。あら？ダイバーさんが急に集まってきたわ。私のまわりをかこんでる。変わった人たちね。ただの海藻を撮影するなんて。ゆら、ゆら、ゆら、ゆら。

和名	ダンゴウオ
目・科	スズキ目・ダンゴウオ科
生息地	青森県から九州、千島列島
大きさ	体長約2cm

ダンゴウオ

静かにゆれる、キュートなアイドル

そうよ、見えてないわ

誰も私のこと見えてない…はず

冬の海のアイドル、ダンゴウオ。彼らの姿を求めて、ダイバーは極寒の藻場に、採集家は夜中の磯に入っていきます。お腹にヒレが進化した吸盤があり、岩や海藻の裏にくっついて過ごしています。そしてなぜか、ゆらゆらと身体をゆらします。それがまたかわいいのなんのって！　どうやら海藻のゆらめきに似せて擬態しているようですが、ポッコリした身体でゆれてもまったく海藻のようには見えません。どこまでも愛らしい魚なのです。

今日もおしりの穴をお借りします。

拝啓　お父さま、お母さま

お変わりありませんか。こちらは元気にやっております。幸運にも、引っ越してすぐによい住まいを見つけることができました。中はあまり広くはありませんが、私ひとりで住むには十分なスペースです。

我々カクレウオの世界では、家主のナマコとの関係でトラブルが多いと聞きますが、今のところさほどいやがられてはいない様子です。この家主はとても大食いで、一日中食事をしています。おかげで私の住まいは、ありがたいことに、いつも残飯があふれています。

最近、少し気になっている女性がいます。家の外で夕食を探しているときに偶然出会った方なのですが、今度思い切って告白してみます。恋仲になることができたら、この住まいに招き入れたいと思っております。

海流の速い時期が続いていますが、どうぞお元気でおすごしください。

敬具

和名	カクレウオ
目・科	アシロ目・カクレウオ科
生息地	相模湾から小笠原諸島、富山湾
大きさ	全長約19cm

カクレウオ

そんなところにカクレッティ!?

そこ、僕のおしりの穴なんですが…
フジナマコさん
これが本当の借り暮らし

海の仲間たちの生き残るための工夫にはいつも驚かされます。まさかナマコのおしりの穴を住む場所に選ぶとは。隠れる理由として考えられているのは、身の安全を守るため、食べ物のおこぼれをもらうため、そして繁殖のため。一部、特殊な種類もいるようですが、基本的にはカクレウオが腸内に入ることで、宿主となるナマコがダメージを受けることはないと考えられています。このように一方が得をしてもう一方は何も変わらないという関係を片利共生と呼びます。

ミノカサゴさん
なんだあいつ
♫僕が〜おそうじ〜
する〜よ〜♪
ホンソメワケベラさん
ヘタなダンスのくせに…
調子にのりやがって…

和名	ニセクロスジギンポ
目・科	スズキ目・イソギンポ科
生息地	相模湾から琉球列島
大きさ	体長約12cm

河口
このへん
サンゴ礁
岩礁
砂地
海面
深海

ニセクロスジギンポ

海の世渡り上手

ちゃっかりモノマネしてるけど詰めが甘いんです。

やーい、だまされてやんの！　僕のことホンソメワケベラだと思ったでしょ？　体をクリーニングしてもらえると思ったでしょ？　世の中そんなに甘くないよーだ。へへーん、皮膚いただき！

僕だって生きていくのに必死なんだよー。なりふりかまっていられないんだって。食べ物争奪戦が激しいこの海でさ、だまして魚に近づいて皮膚を食べていくって考えた僕、かなり頭いいと思うんだよねー。

そっくりな姿になるまで、どれだけ努力してきたことか。でもどーしてもマネできないのが、ホンソメワケベラのあのクネクネするダンス。おそうじしますよってアピールするときのあれ、どうやってるんだろうなー。

でもいいんだもん。このカンペキな見た目があれば、ちょっぴりヘタなダンスでもみんな見事にだまされるもん。プププ。みんなおバカだなぁ。あっ、ミノカサゴが来た。やっほー、おそうじしに来たよー。

（バクッ！）

あぁぁ〜れぇぇぇ〜〜食べられた〜。

クリーナーフィッシュであるホンソメワケベラがクネクネダンスをしながら近づくと、どんなに大きな魚でもヒレやエラを広げて「おそうじをお願いします」という表情をします。ふしぎですね。そんな彼らに擬態するニセクロスジギンポは、見た目はカンペキですがダンスまではマネできず、ヘタな波々ダンスに。それでも大きな魚をだまして近づき、皮膚やウロコを食べるのです。でも、ときに本家のホンソメワケベラさえも飲みこんでしまうミノカサゴは、なかなか手ごわい相手のようです。

あえてサカサマ泳ぎをしています。

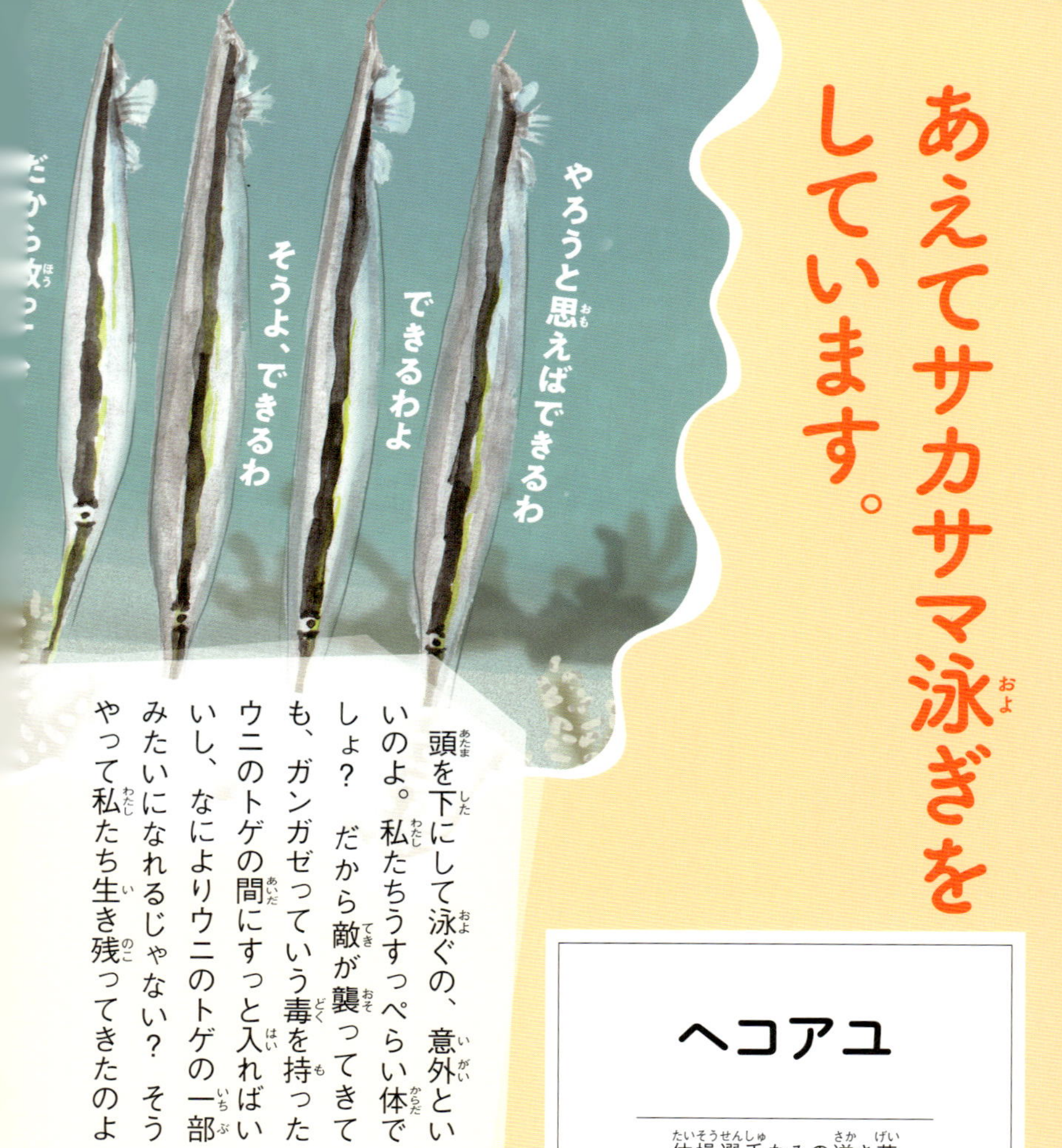

頭を下にして泳ぐの、意外といいのよ。私たちうすっぺらい体でしょ？　だから敵が襲ってきても、ガンガゼっていう毒を持ったウニのトゲの間にすっと入ればいいし、なによりウニのトゲの一部みたいになれるじゃない？　そうやって私たち生き残ってきたのよ

ヘコアユ

体操選手なみの逆さ芸

和名	ヘコアユ
目・科	トゲウオ目・ヘコアユ科
生息地	相模湾から琉球列島
大きさ	全長約15cm

サカサマが好きなの
でもこれじゃ
たぶん逃げおくれるわ
でもいいの

ね～。あとね、大勢でおしゃべりしながらツンツン泳ぐのは楽しいわよ。

あっヤダ、そんなこと言ってたらなんか大きな魚来たわね。ちょっと、これ、逃げといた方がいいんじゃない？　はい、逃げましょ逃げましょ。はぁ、はぁ…しっぽがちっちゃいし、ななめについてるから泳ぎにくいわね。襲われたら終わりなのよ、私たち。や～ねぇ。

どうしてほかの魚はあんなに速く泳げるのかしらねぇ。横向きに泳ぐから？　うらやましいわ～。私たちもやってみる？　…あら、横むきでも普通に速く泳げるじゃない！　やだも～、もっとはやく教えてくれればいいのに、ねぇ。

アユの仲間ではありませんが、逆さで（ヘコ＝逆さの意）歩む（アユ）ことから名づけられたヘコアユ。とある水族館がヘコアユの水槽に横から光を当て、水槽を90度横倒しにするユニークな展示をしました。すると、なんと普通の魚のように横向きに泳ぐようになったのです。どうやら逆さの理由は、重力などではなく光が関係しているようです。じつは彼らは幼魚の頃は枯れ葉の切れ端のような姿をしていますが、その頃から逆さ泳ぎ。ブレないその姿勢に感心させられます。

ちなみにオイラは
マガレイさん
右寄りだよん
にらめっこしますか？
はっはっはっ

和名	ヒラメ
目・科	カレイ目・ヒラメ科
生息地	北海道から九州、東シナ海
大きさ	体長約70cm

河口
サンゴ礁
岩礁
このへん
砂地
海面
深海

ヒラメ

にらめっこ負け知らず

だんだんより目になっちゃうんです。

私最近、歌舞伎にめっきりハマっておりましてな。練習のしすぎで、より目が戻らなくなってしまいましたわ。って違うか！　はっはっは。

私だって幼い頃は目もちゃんと左右にあって、いわゆる普通に泳いでいたんですわ。にらめっこしてるうちに、変顔が直らなくなってですな。って違うか！　はっはっは。

本当のことを言うと、より目のほうが海底の砂に隠れるときに便利なんですわ。砂地に隠れながら私たちは生き残ってきたんですわ。でも、この姿のせいでカレイとほぼ同じだと思われていましてな。それはないですわ。カレイはキョロキョロした目におちょぼ口、私らはギロっとした目にキバのある大きな口なんですわ。食べてるもんが違いますから、顔つきが違うのもあたりまえですな。って違うか！

ん？　いや、これは違いませんがな。違うことは違いませんわ。はっは、どっちだかわからなくなりましたわ。はっはっはっ。

ヒラメの幼魚は、普通の魚と同じように目は左右についていますが、生後2週間ほど経つとだんだん目の移動が始まります。最近の研究※では、この目の移動は、脳のねじれから起こることが判明しました。小さな甲殻類などを食べるカレイに対して、ヒラメはけっこうあらあらしい魚。砂に身を隠して、近づいた小魚にバクッと襲いかかります。釣り人はこれを「居食い」と呼び、エサに食いついたあとでも竿が引かないため、釣り人がアタリに気づきにくいと言われています。

※東北大学大学院農学研究科の鈴木徹教授（魚類発生学）の研究

ポンポンが手ばなせません。

～奪えPOMPOM!～

あ! やばっ
ポンポンなくしちゃった
やめてよー
ん?

「ねえ、アタシのポンポン知らない？ さっきまであったのに、どっかに落っことしちゃったみたいなの。あれがないと落ちつかないのよ」

「まったく、いっつもボーっとしてるからよ。どっかから新しいの探してらっしゃい」

「ねえ、見て！ あそこに足が

キンチャクガニ

気性荒めのチアリーダー

和名	キンチャクガニ
目・科	エビ目・オウギガニ科
生息地	インド洋、西部大西洋
大きさ	甲幅約1cm

河口
このへん
サンゴ礁
岩礁
砂地
海面
深海

※オンライン学術誌『PeerJ』に掲載されたイスラエル・バル＝イラン大学のイスラエル・シュナイツァー氏の研究。

キンチャクガニ劇場

100本あるタコがいるわよ〜!(そのすきに)…いただきっ!」

「あっ、ちょっと! 返して! わたしのポンポン!」

「もうこれはアタシのよ! くやしかったら取り返してみなさいよ!」

(ポカスカポカスカッ!)

「はぁ、はぁ、はぁ。もぉぉ、なんでみんななくすのよ。片方だけじゃうまくおどれないじゃない。いいもん、引きちぎればいいもんね。ポンッ!(ブチッ)」

「そっか、その手があったわね。じゃあ、アタシも。ポンッ!(ブチッ)」

「足りなかったらちぎってふやせばいいもんね♪ 解決ッ♪」

カニといえば、大きなハサミで身を守っていますよね。でもキンチャクガニは、毒のある小さなイソギンチャクを手に持って身を守ります。たしかに毒のある武器ですが、ポンポンを持ったチアリーダーにしか見えず、ほほえましいです。研究※によると、ケンカで片方のイソギンチャクを失ったキンチャクガニは、残ったイソギンチャクをブチッとちぎって2つにするそうです。気休めかと思いきや、じつはクローンを作っていて、数日するとイソギンチャクは元の大きさに戻るというから驚きです。

中がまる見えの袋の中で寝ています。

ガラスの棺で眠るお姫様。あちきの眠る姿を見た人は、そのように思うのでありんす。これは棺ではなく、透明な寝袋。あちきは粘膜を出して、夜な夜なこの寝袋を作るのでありんすよ。きれいなシャボン玉に入っているようで、すてきでござりんしょう。

理由は御察しの通り、寝ているところを敵に襲われないためでありんす。中がまる見えなことは気にしておりんせん。夜の海の捕食者といえば、匂いで獲物を探すサメにウツボ。そう、匂いをもらさなければ、あちきがここにいることは気づかれず、安全なのでありんす。

ほかにもあちきをこまらせる厄介者がおりんすよ。体にくっついて血を吸うウミクワガタの幼生でありんす。このちっこくてしつこい彼らを近づけないためのバリアでもありんす。とても大切な寝袋なのでありんす。

…ちょっと、ダイバーさん？指でつつかないでおくんなんし。あちきの話を聞いていなかったのでござりんしょうか？

和名	ハゲブダイ
目・科	スズキ目・ブダイ科
生息地	駿河湾から琉球列島
大きさ	オス：体長約30cm
	メス：体長約23cm

河口
このへん
サンゴ礁
岩礁
砂地
海面
深海

ハゲブダイ

無色透明の消臭力

しかし少々(しょうしょう)ベトベトでありんす。

ネムリブカさん

ウミクワガタさん

こんな名前ですが、ハゲブダイはカラフルでとても美しい魚です。青い体に、部分的に黄色のもようが入っており、そこだけ色がハゲたように見えることからこの名がついたと言われています。エラのまわりから粘膜を出してせっせと作る自慢の寝袋は、じつは毎晩使い捨て。この寝袋があるおかげで彼らは敵に自分の匂いを気づかれず、襲われる心配なしに、ぐっすり眠れるのです。彼らの寝姿を見ていると、魚にとって嗅覚がいかに大切なのかがわかりますね。

目を守るための水玉もようで逆に目立ってます。

ハア、人気者は大変だよ。どこ泳いでもみんなに注目されちゃう。声かけられたり、写真撮られたり。うれしいけどちょっぴりつかれちゃうよね。

ファンの魚たちはいいけど、中にはぼくを狙うこわい魚もいるかもしれない。ぼく、泳ぎが遅いから逃げられないんだ。目なんてつつかれたら、もうぼく活動できなくなっちゃうよ。

だからね、いいこと考えたの。目と同じくらいの大きさの黒い点々を体中につけるの。そしたら、ほら、どこが目なのかわからないでしょ。これで安心！

え？ 体全体が目立ってちゃ意味ないって？ 大丈夫だよ。目さえ守れれば、あとはなんとかなると思う。ぼく、毒出せるしね。

ハア、水玉もようで守らなくてもいい、強くてたくましい大人に早くなりたいなあ。

…っていうのはウソ。ずっとかわいい子どものままでいたいよ。だってそのほうがみんなにちやほやされるでしょ？

ミナミハコフグ（幼魚）

やりすぎた擬態の代表

和名	ミナミハコフグ
目・科	フグ目・ハコフグ科
生息地	茨城県から琉球列島
大きさ	幼魚：全長約2.5cm、 成魚：体長約38cm

四角の体に黒い斑点もよう。まるで黄色いサイコロのようなミナミハコフグの幼魚。もようで目は守れても、残念ながら体全体はとても目立っています。どうやら泳いで逃げるのもあきらめている様子。それでもちゃんと最終手段は用意しています。危険が迫ると、皮膚からパフトキシンという毒を出し、身を守るのです。同じ水槽に入れるとほかの魚が死んでしまうほど強力な毒なので、水槽で飼うときは決してほかの魚と一緒に入れないようにしましょうね!

ああ、今日も
カンペキに
枯葉だった…フッ…

和名	ナンヨウツバメウオ
目・科	スズキ目・マンジュウダイ科
生息地	岩手県から琉球列島
大きさ	幼魚：体長約5cm、成魚：体長約42cm

河口
このへん
海面
サンゴ礁
岩礁
砂地
深海

ナンヨウツバメウオ（幼魚）

さすらいの擬態王

いつでも枯葉になりきれます。

ああ、僕ってなんてカンペキなのだろう。マツダイやソウシハギの幼魚も枯葉のマネっこしているようだけど、まだまだ僕の足元にも及ばない。体のうすさ、しなやかさ、カンペキでなければまで、質感にいたるならないのさっ。

まあ、むずかしいだろうね。しかたない、枯葉になりきる秘訣を教えてあげよう。僕を見て学びたまえ。

その1 横になる。海面すれすれで、体を平行にするんだ。日光に照らされた僕の横顔って美しいだろう。

その2 かすかに動く。泳いじゃダメ。流れに逆らわず、ゆったり漂いながらヒレの先だけピクピク動かすんだ。

その3 信じる。流れ藻やほかの枯葉によりそっているうちは修行が足りないよ。それは不安な気持ちの表れだからね。なにもない海面にひとり、ポツンと浮かぶ心の強さ。それは完全な無防備だ。その状態で敵の目をだますようになってはじめて、僕の擬態レベルまで近づくことができるのさ。

夏から秋にかけて漁港を歩くと、よく海面に枯葉が浮いています。その中に、かすかに動いている葉が。はじめてナンヨウツバメウオの幼魚が見えたときは感動しますよ。ふしぎなもので、一度見つけるとすべての枯葉がナンヨウツバメウオに見えてしまうので大変です。それにしても、数ある擬態物の中からよく枯葉に目をつけ進化しましたよね。彼らの祖先がなにかのタイミングで枯葉を見て「これだ!」と思ったのを想像するとニヤニヤしてしまいます。

毒クラゲ幼稚園で育ちます。

アカクラゲせんせぇ〜、まって〜。おいてかないで〜。先生泳ぐのすっごく速いから、一生懸命泳いでくっついていないと、広い海に放り出されちゃう。
海は危険がいっぱいだから先生のそばをはなれないようにってママが言ってた。だからボク、先生

クラゲウオ（幼魚）

こわいもの知らずのちびっこ軍団

和名	クラゲウオ
目・科	スズキ目・エボシダイ科
生息地	房総半島から九州
大きさ	幼魚：体長約6cm 成魚：体長約27cm

な、なんなんこいつら
クラゲ
まっ

の触手にしがみついて、一緒に旅するの。先生、すっごいんだよ。触手でちょんって触れただけで、おっきなお魚さんを一瞬でやっつけちゃうんだ。

お友達もいるから、さびしくないよ。ハナビラウオくんに、イボダイちゃん。マアジの兄弟なんかも一緒になることがあるよ。

おしゃべりしてる場合じゃないや。一生懸命泳がないと。旅してるとね、いろんなお魚さんに出会うよ。みんな力強くてカッコイイなぁ。ボクも、早く丈夫なおとなになって、ママのいる深海に行くんだ!

あ…せんせぇ〜、まって〜。おいてかないで〜。

魚たちが恐れて近づかない危険地帯、毒を持つクラゲの触手にあえて身を投じる魚たちがいます。幼魚が身を守る方法はたくさんありますが、ここまでいくと感心を通り越して感動です。毒をもって毒を制すと言いましょうか。自分は刺されないように粘膜で守っているようですが、それでもすごい勇気です。1匹のクラゲに何種類もの幼魚がまとわりついていることもあり、もはや幼稚園状態。でも、クラゲ先生からしたら迷惑なだけかもしれません。

column 1
カリブの海のライフハック
こんなとき、どうする？

ハオコゼのトゲに刺されたらみそ汁にすぐ手を突っこめ！

魚に刺されたらすぐに傷口から毒を吸い出せだの、病院へいそげだの言われても、海辺にいるとそうもいかないときがありますよね。今回は僕の実体験から、ひらめきしだいでなんとか解決する裏ワザの一例をご紹介します。

僕のような岸壁採集家にとって、流れ藻は宝箱です。そこは幼魚のゆりかご。一見、なにもいないように見えても、網ですくうと驚くほどさまざまな種類の幼魚たちに出会えます。

ある日、いつものように流れ藻をすくって漁港にしゃがみこみ、網に手を入れてバサバサふっていました。タツノオトシゴでも落ちてこないかなぁと。ふと気づくと、右手の小指にジンジンとした痛みが。これはもしや…！　網の中を見ると、小さなハオコゼがいました。背ビレに毒のトゲを持つカサゴに近い仲間です。流れ藻とよく似た色をしているので、気づかずにさわって、刺されたのでしょう。

ここで大切な知識をひとつ。多くの魚の毒は、タンパク毒という種類です。タンパク質には熱変性という性質がありま す。熱を加えると別の物質になり、毒がなくなるのです。魚に刺されたときは、

気にしないで
刺してごめんちゃい

やけどをしないくらいの40～50℃のお湯に刺されたところを30分ほどつけておくと、痛みは引いていきます。

さて、自宅ならまだしも、僕が刺されたのは漁港。ちょうどいいお湯なんて、すぐには用意できません。そんなとき、ふと近くにとまっていたクルーザーに気づきました。数人の釣り人が、船上でおひるごはんを食べています。僕はその船に近づき、「そのおみそ汁ください！」と言いました。親切な釣り人はすぐに紙コップにおみそ汁を入れてくれました。そして、ゆっくりとそこに小指を突っこむ僕。一瞬、釣り人たちの会話がとまりましたが、おかげで1時間ほどで痛みは引きました。助けてくれる人は必ずいるものです。

※毒の種類はさまざまですので、刺されたときは可能な限り早めに病院で手当てを受けることをおすすめします。

第2章

まいにちギリギリで過ごしてます。

海で生き残ってきたいきものたちの生態には、
ふしぎな特徴がいっぱい!
私たち人間から見ると、おもしろおかしく(ときにはマヌケに!?)
見えてしまうような特徴も、彼らにとっては必死に
生き抜いてきた進化の証。そのひとつひとつには理由があり、
そのワケを知れば、彼らの進化の過程を学ぶことができます。
なんとかギリギリ生き残るためにしてきた彼らの工夫は、
私たちに進化のすごさを教えてくれるのです。

海の中劇場

誰がしゃべっているか当ててみよう

正解　1:タコ　2:イワシ　3:ホホジロザメ　4:アカハチハゼ

目を閉じてごはんを食べないと失明します。

おっ、ウマそうなマグロがいるじゃねぇか。俺様に気づかずのんびりしやがって、ククク。抜き足、差し足、忍び足。グレーの背中が海底に紛れて下から近づいてることに気づかねぇだろうよ。さあ、ここまで近づいたら、あとは一気に襲いかかる！

お、おい、どーした？　なにも見えねぇ！　急に真っ暗になっちまった！　そうか、まぶたか。これ、獲物に近づくと勝手に閉じるようになってるんだよな。暴れる獲物のヒレが目に入ったらたまんねぇからな。

俺様は最強だけど、小さい目だから「さめ」って呼ばれるくらい、目にだけは自信ねぇんだ。でも、俺様にはすげぇ嗅覚と鼻先のレーダーがある。見えなくても狙いを外しはしねぇさ。

さあ、俺様が獲物にかみつくカッコイイ瞬間を写真に撮りな。ガブッ！　撮れたか？　見せてみろ。…おい、白目じゃねぇか！　全然カッコよくねぇ！　ちゃんと撮れって言ってんだろ、コノヤロー！

和名	ホホジロザメ
目・科	ネズミザメ目・ネズミザメ科
生息地	全世界の温帯域
大きさ	全長約6.4m

ホホジロザメ

これがホントの闇鍋♪

白目になるほどデリシャス～♪

サメは暴れる獲物のヒレでケガしないために、瞬膜というまぶたのようなもので目を守ってきました。また、鼻先にはロレンチーニ器官と呼ばれるレーダーがあり、目を閉じていても、いきものが発するかすかな電流を感じとることができます。しかも、この器官はとてもデリケート。刺激されると感覚が狂ってしまいます。もし海でホホジロザメに襲われて逃げられなくなったら、鼻先をなでなでしてみましょう。それでかまれても責任はとれませんが…。

好き嫌いが多すぎる？いえグルメなだけです。

ハナデンシャ「この歳になってもわしはクモヒトデしか食べられんもんだから、すばやいヒトデを追いかけるのも最近しんどくてなぁ」

スミゾメキヌハダウミウシ「うちも同じですわ。相変わらずハゼのヒレにしか食欲わかんからねぇ。もう今はハゼに追いつけませんわ」

アオミノウミウシ「あたしゃ、流されるままの人生だからねぇ。ごはんの毒クラゲを探そうにも風しだいですじゃ。自力でごはんにありつけんのはきびしいですなぁ」

クロシタナシウミウシ「最近は私が主食にしてるカイメンも減っちゃってねぇ。若いもんに食べられてしまうもんだから、生きにくい世の中ですわ。昔はそこいらの岩にたくさんあったのにねぇ」

スミゾメキヌハダウミウシ「でも、こんな偏食なうちら、この厳しい海でよく生き残ってこられましたなぁ」

ハナデンシャ「なんとかごはんにありつけるから、うまいことできてますなぁ」

和名	①ハナデンシャ ②アオミノウミウシ ③スミゾメキヌハダウミウシ ④クロシタナシウミウシ
目・科	①裸鰓目・フジタウミウシ科 ②裸鰓目・アオミノウミウシ科 ③裸鰓目・キヌハダウミウシ科 ④裸鰓目・クロシタナシウミウシ科
生息地	①インド洋、西太平洋、南太平洋、オーストラリア ②世界中の熱帯、温帯域 ③日本の温帯域から西太平洋 ④西太平洋
大きさ	①体長約20cm ②体長約4cm ③体長約1cm ④体長約8cm

ウミウシ

海の偏食家たち

※実際は大きさや住んでいるところはバラバラです。

ウミウシはとても偏食です。カイメン食の者もいれば、クモヒトデしか食べない者、なぜかダテハゼ類にくっついてヒレを食べるという変わり者や猛毒のカツオノエボシを食べて体に毒をためこむツワモノまで。中には、ウミウシなのにウミウシを主食として食べるものもいます。見た目が美しくバラエティに富んでいるウミウシの仲間は観賞用でも人気ですが、種類によってエサが異なるため、飼育するにはエサを自分で確保し続ける覚悟が必要です。

和名	ハナオコゼ
目・科	アンコウ目・カエルアンコウ科
生息地	中部・東部太平洋をのぞく全世界の温帯から熱帯域
大きさ	体長約14cm

ハナオコゼ

食いしん坊バンザイ!

死ぬほど食べてたら、本当に死ぬことがあります。

ゲップ…もう食べられない。もうね、お腹いっぱいすぎてヒレも動かせないわ。流れ藻によりかかって、流されることしかできないって。もう少しも泳げないって。ふだんから泳がないけどさ、今日こそは、ほんとにむりだわ。

マヌケな顔って言わないでよ。お腹いっぱいで口も閉じられないからしかたないって。君もさ、食べ放題のバイキングで食べすぎて後悔したことあるだろ？ そのときは食べられると思っても、あとでくるしくなっちゃうだろ？ それと同じだって。

パクッ！ しまった、魚が目の前を通るとつい飲みこんでしまう。ううう、くるしい…もう消化できないって。消化できなくて、死んじゃうって。食べすぎて死ぬとか、かなしすぎるって。こんな浅瀬にいるから食べ物が多くてつい食べすぎちゃうんだな。よし、深いところまで泳いでいこう。ぷか〜。だめだ〜、体が浮いちゃう。あ、お魚♪ パクッ！ あーっ…また食べちゃった…。

口に入るものならなんでも飲みこんでしまう海の大食い王。言葉通り、ハングリー精神でここまで生き残ってきたのでしょうか。かつて、我が家で飼っていたハナオコゼが自分の倍くらいもあるダイナンギンポを飲みこみ、消化できずに死んでしまったことがあります。いきものは命をつなぐために食べるはずなのに…。でもポワンとした表情で人懐っこい彼らは、とても愛らしいです。港に流れ藻が浮いていたら彼らが隠れていないかぜひ探してみてください。

ストレスで自分の足をカミカミしちゃいます。

あーイライラするな。カミカミ。岩陰で寝てんだからのぞきこむなよな、カニ。ちっこいハサミでツンツンすんな！　カミカミ。そこのエビも。鼻先に着地すな。かゆいだろうが。カミカミ。

　ったく、人間。何が「タコ足配線」だよ。足いっぱいあればなんでもタコ扱いかよ。タコ坊主ってなんだよ。これ頭じゃなくて胴体だっての。あと、悪口でタコ使うのやめろよ。「このタコ！」って言われてなんで怒ってんだよ。よろこべよ。カミカミ。

　おいおい、雨降ってきやがったよ。カミカミカミ。海水うすまるだろうが。浸透圧が下がってだしが出ちゃうじゃんかよ。…わかってんだよ、だしなんて出ないよ、環境変わりすぎだって言いたいんだよ。カミカミ。

　…あーあ、自分で足かんでたら、足1本なくなっちまったよ。自分でかんだらもう生えてこないんだよ。どうしてくれるんだよ。もうヤケクソだ。２本目かんでやるよ。カミカミカミカミ。

和名	マダコ
目・科	タコ目・マダコ科
生息地	全世界の温帯域
大きさ	全長約60cm

タコ

ストレス社会とたたかうあなたに

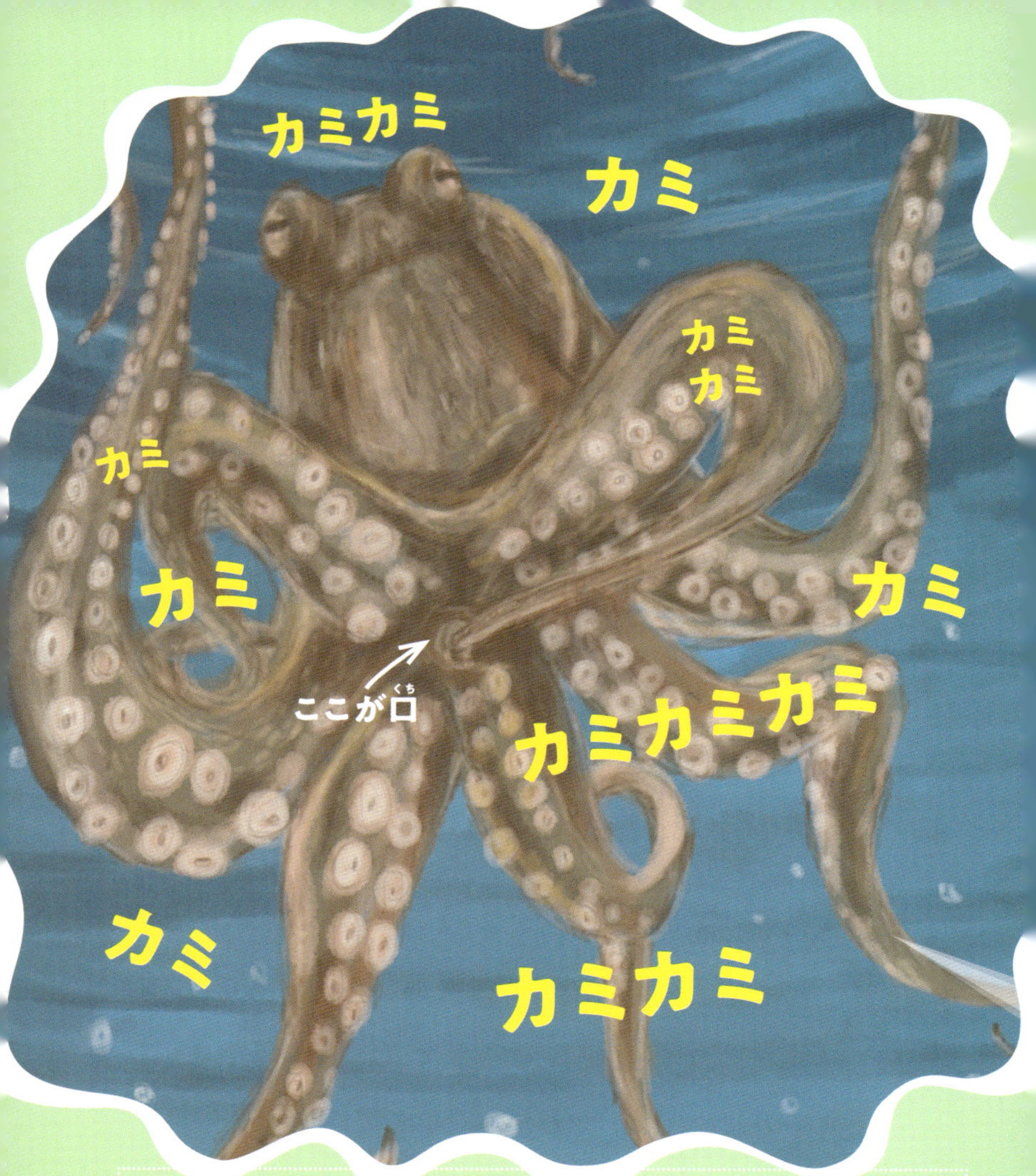

タコは敵に襲われたときやケンカをしたあと、足を失うことがあります。命がけの戦いの末の名誉の負傷です。しかし驚くことに、環境の変化などでストレスが溜まると、自分で足を食べてしまうことがあります。タコもストレス解消しながら、生き残ってきたのでしょうか。しかし、戦って失った足は時間をかけてまた生えてきますが、自分で食べた足は生えてきません。もし水槽で飼っているタコが足をカミカミしていたら飼育のしかたを大いに反省して、環境改善にとりくみましょう。

ケンカが地味すぎて勝負がつきません。

さあ、会場ではこれからコブダイのオス同士による時間無制限デスマッチが行われます。両選手、入場と同時に顔を突き合わせ始めました。鬼の形相でにらみ合い、ピリピリした空気がただよってます。これは激しい戦いになりそうだ！

コブダイ

ガン飛ばし最強列伝

和名	コブダイ
目・科	スズキ目・ベラ科
生息地	北海道から九州、東シナ海
大きさ	体長約1m

カーン！　今、戦いがスタートしました。おっと、両者まずはにらみ合っています。先ほどより顔の迫力が増しています。さあ、先にしかけるのはどっちだ？　…なんと、両者しかけません！
　おっと、両選手、大きな口を開けた！　あらゆるものをかみくだく頑丈な歯が姿を現しました。これでかみつこうというのか？　さあ、どっちが先にかみつくのか。
　…かみつきません。口を開けたまま、にらみ合っています。どうやら口の大きさを比べているようです。両選手、ここは一歩もゆずりません。さあ、ここからどうするのか。…にらみ合いが続いています。

頭に大きなこぶを持ったコブダイのオス。繁殖期になるとメスをめぐって激しいケンカが起こりますが、そのケンカは意外と平和。こぶをぶつけ合うでも、でっぱった歯でかみつくでもなく、口を開けてその大きさを比べます。そばで見ていると大差はなく、どうやって勝ち負けを決めているのかわかりませんが、負けたほうはおとなしく立ち去ります。むだな戦いはしない。これも生き残るための作戦なのです。しかし、見た目が迫力ある分、なんだかほっこりしてしまいます。

食後はぷか〜っと浮いて休みます。

どぉ？　このポーズ、セクシーでしょ。このぷくぷくお腹が自慢なの。…ち、ちがうわよ。浮いちゃってるんじゃなくて、わざとこうしてるのよ。ごはんと一緒に空気飲んじゃってお腹にたまったから泳げなくなってるとかじゃないから。そ、そんなんじゃないからね！

くるしそうな表情なんてしてないわよ。ほら、こんなにパチクリおめめにおちょぼ口。ぷっくりしたくちびるもセクシーさの証よ。ヒレもパタパタしてかわいいでしょ。ちょ、ちょっとでももぐろうと必死でパタついてるんじゃないんだからかんちがいしないでよね。

あたし、カワハギの仲間だけど、フグみたいにお腹がぷくぷくしてるでしょ。だからいろんなものがたまりやすいのよね。寄生虫とかガスとかも。お、オナラなんてしないわよ。だってオナラをガマンしてるから、こんなふうに浮いちゃうんじゃないの！　あっ…ち、ちがうのよ！　ちがうんだってばー！

和名	アオサハギ
目・科	フグ目・カワハギ科
生息地	茨城県から九州、沖ノ島
大きさ	体長約7cm

アオサハギ

ぷっくりボディのふしぎちゃん

泳げないわけじゃ
ないわよ？
ぷし〜
かんちがい
しないでね

以前、パインちゃんと名づけたアオサハギを飼育していました。いつ見てもキュートなポーズを見せるふしぎな子でした。アオサハギは必ずと言っていいほど、エサを食べたあと、しばらくお腹を上にして浮かびます。みんな「どうにもなりません」という表情で、泳ぐことをあきらめ、流れに身を任せます。まるで食後休憩を取っているよう。うちのパインちゃんはそんなことしないだろうと思っていましたが、例外なく浮いていました。しかし、浮かびながらも表情はキュートなままでした。

た…隊長…
カジキが…
カジキがあ…
あらイワシや…
いただきまーっす
バショウカジキさん

和名	マイワシ
目・科	ニシン目・ニシン科
生息地	北海道から九州、東シナ海
大きさ	体長約25cm

河口
このへん
海面
サンゴ礁
岩礁
砂地
深海

イワシ

海上弱小軍隊イワシ部

気づけばどんどん群れが小さくなってます。

「隊長！　敵です！　上空から海鳥、下方からはマグロがせまっています！」

大丈夫だ。我々は上下どちらから狙われても見えにくい色をしている。背中側が黒っぽいのは上空から狙われたときに海の藍色にとけこむため。お腹側が銀にかがやくのは下方から見上げたときに海面のきらめきにとけこむため。敵の目をだます配色で、きびしい海の中を生き抜いてきたのだ。

「サメが近づいてきます！　かまれたらひとたまりもありません！」

ひるむな！　こういうときのために我々は大群で行動しているのだ。一糸乱れぬうねり。敵には1匹の大きなカイブツのように見え、突っこんでくる者などいないはずだ。

「カジキが角をふり回して仲間をたたき食べてます！」

なんということだ…。

「サメ、カジキ、マグロ、海鳥たちが一緒になって襲ってきます！　もう、仲間がほとんど残っていません！」

なんということだ…。


大きな群れを作るマイワシ。配色も群れの動きもよく工夫されているのですが、海のハンターたちも甘くありません。それぞれの特徴を活かして、ときに連携プレーでマイワシにせまります。群れがどんどん小さくなっていっても、最後までがんばって統一した動きを見せる彼ら。全体の動きを決めるリーダーがいるわけではなく、それぞれがとなりのイワシの動きをマネしているうちに、結果として1つのいきもののような動きになっていると言われています。

和名	アオブダイ
目・科	スズキ目・ブダイ科
生息地	東京湾から九州、台湾、香港
大きさ	体長約40cm

アオブダイ

「青い海！　白い砂浜！」の仕掛け人

白い砂浜の一部は僕のうんこでできてます。

クックック。今日もたくさん海水浴客が来ておるわい。カップルで水なんぞかけ合って。楽しそうなことじゃて。

　彼らはどんな顔するかね。その砂浜の美しい白砂が、ワシのうんこでできていることを知ったら。それでも体中に砂つけて満面の笑みではしゃいでいられるかね。顔だけ出して体を砂に埋めるあそびなんてできるかね。クックック。

　白い砂は、もともとは海にあるサンゴからできておるのじゃ。そして、サンゴを砂浜に変えているのが、まさにこのワシ、アオブダイじゃ。

　ワシはこのするどくてかたい歯でサンゴをガリガリかじって中にいる藻類を食べておる。欲しいのは藻類だけじゃ。サンゴの骨格はいらん。だからうんことして排せつするのじゃ。これを年中休みなくやっているのじゃから、大量のうんこが出る。こうして白い砂浜は保たれているのじゃ。

　砂浜で浮かれているそこのカップル、ワシに感謝するのじゃぞ。クックック。


するどい歯で甲殻類から貝類までなんでも食べるアオブダイ。この雑食性がこれまで生き残ってこられた理由かもしれません。特に、ガリガリと音がするほどの強さでサンゴをかじるのはダイバーの間で有名な話。サンゴをのどの奥にある咽頭歯という歯を使ってすりつぶし、食べ物の藻類だけ取りこみます。それ以外の石灰質は砂として排せつ。このフンが砂浜になるとはいえ、決して汚いわけではありません。どうぞ安心してこれからも砂に埋まってください。

ごはんを食べ続けないと死んじゃいます。

オレ、胃袋がないねん。消化も早いねん。ごはん食べたら30分でうんこするんやで。せやから内臓はいつでもきれいなんや。あんたら人間がオレをまるごと食べられるのはそのためや。

　でもええことばかりやないで。すぐお腹ん中がからっぽになってまうやろ。だからいっつも腹ペコなんや。食べ続けな生きていけへん。海の浅いところを大群作って泳ぐんや。泳ぐの速いで。泳ぎながら、動物プランクトンを食べるんや。ちっさなプランクトンでこの体支えてるんやから、そらぎょうさん食べるで。そうやってオレ、生きてきてん。

　オレ、脂もたっぷりなんやで。焼くと脂がじゅわっと出るやろ。そこが大事なうまみなんや。※DHAやEPAもぎょうさん含まれていて、味よし、栄養よし。おまけにスマートな体に端正な顔立ちで見た目もええやろ。マグロさんやサケさんと並んで、まさにお魚ビッグ3や！

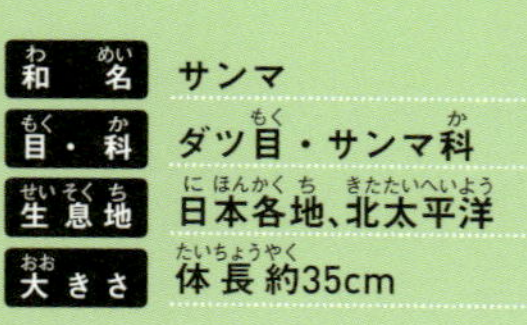

和名	サンマ
目・科	ダツ目・サンマ科
生息地	日本各地、北太平洋
大きさ	体長約35cm

サンマ

365日フル稼働の内臓

サンマのお刺身って食べたことありますか？　塩焼きもとてもおいしい魚ですが、お刺身を食べるとサンマのうまみのすごさがわかりますよ。こんなに味の濃い魚はなかなかいません。また、排せつ物が内臓にたまらない構造のため、栄養いっぱいの「わた」にも臭みや苦みがなく、身と一緒においしく食べることができます。ちなみに、スーパーなどでおいしいサンマを見分けるには下アゴを見てみましょう。先端が黄色のサンマは新鮮な印です。

※DHA・EPA：サンマをはじめとする青魚に多く含まれる必須脂肪酸のこと。脳の活性化や血液をサラサラにする効果が期待されている。DHA・EPAともに人間の体ではほぼ作られないため、定期的な摂取が必要とされる。

食事が豪快すぎると言われます。

バフッ、さらさらさら。バフッ、ぐっ、ゲホッゲホッ、ぶはぁ。…なに見てんのよ。豪快な食いっぷりですねって？　あんた、レディーに向かって失礼よ。青いラインがきれいですねとか、ほめるのが先じゃない？

はぁ？　…なに言ってんの、砂なんて食べるわけないじゃない。中にいる微生物を食べてるわけ。効率よ効率。砂ごと口に入れて食べ物だけこしとったら、わざわざ食べ物を探す手間がはぶけるでしょ。いらない砂はエラから出せばいいの。海底の砂もきれいになるし、一石二鳥よ。は？　口からも砂を吐いてたって？　さ、さっきのは、ちょっと砂を多く飲みすぎただけよ。いちいちうるさいわね。

そろそろ食事に戻りたいんですけど。どっか行ってくれないかしら？　はいはい、さよなら、シッシッ。バフッ、さらさらさら。バフッ、ぐほっ、ゲホッゲホッ、ぶはぁ。…ちょっと、なに見てんのよ！

和名	アカハチハゼ
目・科	スズキ目・ハゼ科
生息地	伊豆諸島、房総半島から琉球列島
大きさ	体長約13cm

アカハチハゼ

効率重視のズボラな主婦

…砂は食べてないからね？
さらさら
さらさら

海のいきものを生活スタイルで3つにわけると、水中をただよう浮遊生物を「プランクトン」、自由に水中を泳ぎ回る遊泳生物を「ネクトン」、そして海の底で生活をするいきもののことを「ベントス」と呼びます。砂を口に含んで食べ物だけをこしとるハゼ類は、ベントス食性と呼ばれています。アカハチハゼを水槽で観察していると、ときどき砂を詰まらせるのか、エラではなく口からブホッと砂を吹き出すときがあります。なんともほほえましいですね。

和名	ワラスボ
目・科	スズキ目・ハゼ科
生息地	有明海、朝鮮半島、台湾、中国
大きさ	体長約30cm

ワラスボ

いかついけどつぶらな瞳

"有明海のエイリアン"ってひどくないですか？

はぁ？　どこの星から来たのかだと？　なめとんのかコラァ！　このツラでもムツゴロウと同じハゼの仲間だコノヤロー。ムツゴロウにはカワイイとかいうくせに、この扱いのちがいはなんだ？

あ？　目がないだと？　どこ見とんじゃ！　点みたいなのがあるだろ頭に。小さいときはちゃんと目はあるんだけどよ、成長するとちいさくなっていくんだよ。光のない泥ん中じゃこれで十分なんだ！　省エネだぞ、コノヤロー。

このするどい歯もおまえらにかみつくためのもんじゃねぇぞ。こちとら干潟の泥に穴ほってちっさい生きもんを食って静かに暮らしるわい！

おい、人間。勝手に干物にして名産品にしてんじゃねぇぞ！　魚ってもんはなぁ、干すと誰だってエイリアンみたいになるんだよ。俺だけじゃねぇんだよコノヤロー。エイリアンって呼ぶくらいならもっとこわがれよ！　それじゃあ、ただ悪口言ってるだけじゃねぇかよ、あん？

退化して皮膚に埋もれた目。むき出しになった歯。本人は不本意かもしれませんが、見事なエイリアンっぷりです。干した姿が「わらしべ※」に似ていることからこの名がついたと言われています。顔ではなく体の形で名づけたあたりが、奥ゆかしいですね。ちなみに、仲間のチワラスボは本州でも見られます。口が上を向いているため、飼育していると水槽の底に落ちたエサをとるときにネコのようにコロンところがります。一緒に暮らすと、そのかわいらしさがわかります！

※稲のわらのしんのこと。

和名	カエルアンコウ
目・科	アンコウ目・カエルアンコウ科
生息地	東太平洋をのぞく全世界の温帯から熱帯域
大きさ	体長約16cm

カエルアンコウ

待ち続ける粘り勝ちのハンター

今日もじっと岩のふりをしています。

おいは、ひたすら岩のふりをしながら、獲物の魚が通るのをじっと待っちょいもす。泳ぎがうまくなりたか。こげな姿では、魚を追いかけることができん。泳ぐとすぐ息切れしてしまいもす。だから移動するときは歩きもす。

でも、おいは獲物を飲む速さだけは、魚類の中で最速でごわす。口を広げて水と一緒に一瞬で飲みこみもす。やるときはやりもす。

やっと魚が見えもした。まだ吸いこむには遠か。もうちっと近づいてたもんせ。こげなとき、おいは釣りをしもす。ふだんは折りたたんどりますが、おでこに釣り竿を持っちょりもす。釣りをするときはこん先についてるイモ虫みたいなニセモノのエサをうまくふると生きてるように見えもす。

あっ…来もした、来もした。いよいよ、獲物が近づいて来もした。さあ、飲みもんそ。よく見ててくいやんせ。がぼっ！　む!?　こ、こいは、ルアーでごわす。あちゃー、おいが人間に釣られてしまいもした。

岩に擬態し、エスカと呼ばれる疑似餌で釣りをして獲物をおびきよせ、それを魚類最速のスピードで飲みこむ。その速さは0.01秒とも言われています。カエルアンコウは泳ぎが苦手な代わりに、足のように発達したヒレがあり、これを使って海底を器用に歩くことができます。これだけ進化し、さまざまな能力を持ち合わせているのにもかかわらず、表情がいつもボケ～っとしているものですから、ダイビングや水族館では完全に愛されキャラと化しています。

column 2

カリブの海のライフハック

こんなとき、どうする？

最強の毒矢をとばしてくる イモガイに絶対さわらないで！

かむ、刺す、飲みこむ、しめつける…。海のいきものの攻撃方法はじつにさまざまですが、まさか毒矢をとばしてくるヤツがいるとは…。

砂地や岩の上にはイモガイというかわいらしい名前の貝がいます。のそのそゆっくり歩く平和な貝。しかし、魚が目の前を通ると、口にあるストローから強烈な毒矢をとばしてしびれさせ、獲物をまる飲みにしてしまいます。音もなく、一瞬のうちに。あんたは腕利きのスナイパーか！

彼らはときに、海あそびを楽しむ人間にも矢を撃ってくることもあります。きれいな貝がらだなぁ〜と思ってさわったら刺されたとか、たまたま足を入れたところがイモガイの目の前だったとか。「見かけてもさわらないように」と注意されても、彼らは数百種類もいて、色やもようもさまざま。いったいどの貝に気をつければいいんだ！　と思いますが、もう雰囲気を感じとるしかありません。野菜のサトイモに似ているためイモガイと名づけられたそうですが、そんなほっこりしたイメージを持ってはいけません。

そんな数あるイモガイ類の中でも、ぜ

ひおぼえていただきたいのがアンボイナガイ。イモガイの中でも最強の毒を持つ種類です。実際に人間が刺されて死亡した例も報告されています。もしかしたらなぞの溺死事故の一部にもアンボイナガイが関わっているかもしれません。

もし刺されてしまったら…。すぐに痛みは出ないそうなので、いそいで海から上がってください。毒が回ってからではおぼれる危険があります。そして、刺されたところから毒を吸い出し、病院に行きましょう。

イモガイは基本的に夜行性です。昼間の磯あそびなどで事故の報告がまだ少ないのはそのためかもしれません。夜に活動する密漁者のみなさまは、どうぞお気をつけください。あなたを追っているのは、海上保安庁だけではありません。

第3章

今日もなんとか命をつないでます。

人間と同じように、海のいきものたちも
結婚して子どもを残すためにパートナーを持ちます。
海のいきものが結婚相手を探すことを“求愛”と言い、
子どもを産んで子孫を残すことを“繁殖”と言います。
魚の赤ちゃんは“稚魚”や“幼魚”と呼ばれ、
きびしい海の世界を生き抜いていくのです。
幼魚が海で生き残り、結婚相手となるパートナーを見つけて、
子どもを残すことはとても大変。
そんな彼らが今日まで命をつないできた
工夫をのぞいてみましょう。

4コマ

海の中劇場

誰がしゃべっているか当ててみよう

正解 1:ウミガメ 2:オキナワベニハゼ 3:ベニクラゲ 4:シオマネキ

男か女か？　運命は温度で決まります。

私たちはねぇ、温度にとても敏感なのよ。浜辺に上がって砂の中に卵を産むんだけれどねぇ、卵がかえるまでの砂の温度で男の子が生まれるか、女の子が生まれるかが決まるのよ。29℃より高いと女の子、低いと男の子になるの。私はもう何度も卵を産んできたけれどねぇ、毎年、ちょうど半々くらいに生まれてくる温度の時期を狙って浜辺に上がるの。いつでもいいってわけじゃない。繊細なのよ。

今年はどうかしら。今日あたり、赤ちゃんたちが海に飛び込んで来るころなんだけど。

ほら、来たわよ！　みんな、よく無事に生まれてきたわね。あなたは女の子ね。あなたは？　女の子ね。あなたも女の子。あら、女の子。また女の子。女の子…女の子ばっかりねぇ。

これじゃ女祭りじゃないか。最近は温暖化の影響で温度が上がってきているからねぇ。このまま男の子が生まれなくなったら、どうしようかねぇ。

和名	アオウミガメ
目・科	カメ目・ウミガメ科
生息地	世界中の熱帯、温帯域
大きさ	直甲長約82～107cm

ウミガメ

29℃がわかれ道

卵が健康に育つためには、温度だけでなく、砂に含まれる水分や塩分濃度など、さまざまな環境が整っている必要があります。そのためお母さんは、砂浜を歩き回り、環境が適しているかをたしかめてから卵を産みます。一生懸命赤ちゃんを残そうとするそんな親ガメの愛と努力も、地球温暖化によって狂わされつつあります。海のいきものが発するSOSはたくさんあり、彼らの声を聞くと、ニュースで見る環境問題も他人事とは思えなくなります。

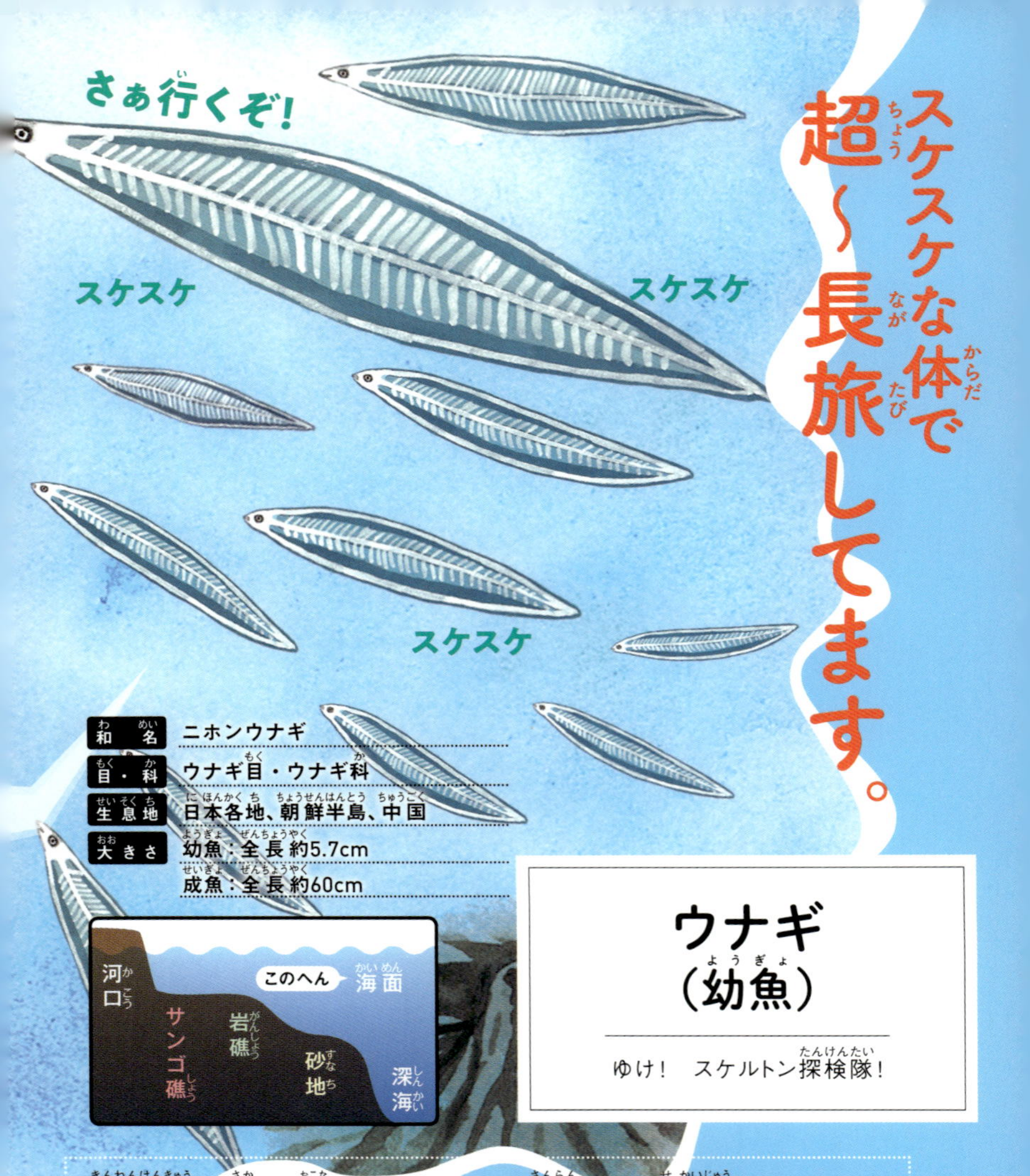

超～長旅してます。スケスケな体で

和名	ニホンウナギ
目・科	ウナギ目・ウナギ科
生息地	日本各地、朝鮮半島、中国
大きさ	幼魚：全長約5.7cm 成魚：全長約60cm

ウナギ（幼魚）

ゆけ！　スケルトン探検隊！

近年研究※が盛んに行われているウナギの産卵。なんと世界中のウナギたちは1ヶ所に集まって卵を産んでいるというから驚きです。日本から約2,500kmも離れた太平洋にそびえる海底火山、スルガ海山。そこで生まれたウナギの赤ちゃんは、レプトケファルス幼生と呼ばれ、透明でぺったんこな美しい姿をしています。彼らは敵に見つかりにくいこの透明な体で海流に乗り、親が育った日本の川を目指すのです。なんというグレート・ジャーニーなのでしょう！

※東京大学や九州大学、オランダ・ライデン大学などの国際研究チームによる研究。

GO! ジャパーン！

みんな、準備はできているか？　これから長い長い旅が始まる。生半可な気持ちでは生きてたどりつけない。ここを出発する前に、もう一度みんなで確認しよう。

まずは親への感謝。ぼくらを産むために、遠い日本の川から、ここマリアナ海溝の深海まではるばる泳いで来てくれた。

ママの想いは故郷への道しるべとなってぼくらの胸にきざまれている。海で迷ったらきっと心の声がみちびいてくれるだろう。

次に隠れ身の術の確認だ。みんな、ちゃんとスケスケか？　骨の隅々まで見えるくらい透明になっているか？　広い海に出たら、どんな敵が待ち構えているかわからない。まだ泳ぐ力も武器も持っていないぼくらは、戦おうなんて考えちゃいけない。

水になれ！　海になれ！　気配を消して、まわりにとけこむことが生き残るためには必要なんだ！

よーし、準備は整った。さぁみんな、行くぞ！

ウオ〜!!

和名	ネンブツダイ
目・科	スズキ目・テンジクダイ科
生息地	青森県から九州、西太平洋
大きさ	体長約11cm

ネンブツダイ

ブツブツ言うけど、ボク、イクメン

ブツブツ言ってるパパの口の中で育ちます。

（ムニャムニャムニャ、う〜んあったかくて気持ちいなぁ…。ここはママのお腹の中かなぁ？　…ってあれ!?パパのお口の中だ！）

…ハッ！　どうやら夢を見ていたようです。ぼくたち赤ちゃんは、パパのお口の中で安全に育ててもらっているのでした。ここ2週間、パパはなにも食べずにずっとお口をパクパク。新鮮な海水がぼくたちにかかるようにパクパク。こうやってパパが育ててくれるからこそ、ぼくたちは生き残ってこられたのです。親の愛を感じます。

…ねぇパパ、念のためだけど、ごはん食べる夢とか見て、まちがえてぼくたちのこと食べないでね？

パパは卵をくわえるためにお口を開ける練習までしていたんですって。そんな仕草を人間のダイバーさんたちがよく見にきてました。卵をくわえてからもパパがパクパクしている姿を見て、ダイバーさんたちは念仏を唱えているようだと思ったそうです。人間っておもしろいことを考えつきますね。…ねぇパパ、念のためだけど、くしゃみとかしないでね？

人間界ではイクメンなんてもてはやされますが、魚の世界ではオスが卵を守るのは昔からあたりまえ。ネンブツダイのように口の中で卵を保護する魚をマウスブリーダー（口内保育魚）と言います。大切な卵を守るため、なにも食べずに生まれるまでじっと耐えるのです。でも、一般的に言える美談はここまで。同じマウスブリーダーのジョーフィッシュ（カエルアマダイ）を飼っていたとき、一瞬口から卵を出してエサを食べ、さっとくわえ直すという行動を見たというのはここだけの話にしておきます。

ときどき1人2役しています。

ねぇカノジョ。見て見て、オレの波打つもよう、カッコイイだろ!

なぁに?　わたしは女の子よ。気にしないであっちに行ってちょうだい。

ほら、見ろ!　オレはシマシマもようをこんなにきれいに動かせるんだぜ!

このあたりにはほかに女の子はいないわよ。はいはい、向こうに行ってちょうだい。

キミはまるで砂地に咲く一輪のウミユリのようだね。

は?　反対側で求愛行動なんてしてないわよ。なんでじろじろ見てるの?

オレはキミのようなすてきな子をずっと探していたんだ。さあ、こっちへおいでよ、かわいこちゃん。

ちょっと、オスのあんたは近づいてこないでよ!

オレとキミとの子どもは、きっと天使のような…

ぐぁ〜、こっち来んなっていってんだろーが!　ケンカ売ってんのか?　あん?　あ、しまった、つい全身を威嚇するもようにしてしまった。あ、カノジョ逃げちゃった…。

和名	トガリコウイカ
目・科	コウイカ目・コウイカ科
生息地	オーストラリア北東、カーペンタリア湾
大きさ	外套長約13.5cm

コウイカ

モテるのに必死なバイカラー

コウイカの体の表面には色素胞という細胞があり、環境や気分に合わせてもようを変えることができます。特に、メスとオスに挟まれたコウイカが体の左右でもようを真っ二つにわける様子にはびっくり。なぜ半分ずつ体の色を変えるかというと、体の半分でメスにアタックしつつ、もう半分で近くにいるほかのオスをだますため。決死の覚悟でメスにふりむいてもらおうとするその必死さが、今日まで彼らの命をつなげてきたのでしょう。

何度も何度でも若返ります。

我こそは奇跡の存在である。体が小さいからと言ってあなどるな。おぬしの目に我が小さく映っているのは、おぬしがそれだけ小さな人間であるということ。心の目で見よ。感じるか？無限の生命のエネルギーを。

人間よ。おぬしらは永遠の命に興味があるのだろう？　若返る方法が知りたいのだろう？ならば我を崇めるがよい。我はなかなか死なないのだ。我らクラゲの仲間は、はじめはまるで植物のように岩から生えている。ポリプと呼ばれる時期だ。

その後我らは岩を離れ、クラゲとして泳ぎ始める。しかし、我はなんと、時間を巻き戻してポリプに戻ることができるのだ。すべてのいきものは生まれて、死ぬ。そんな常識は我らには通用しないのだ。

そろそろ時間だ。我は行かねばならぬ。最後におぬしに伝えることができてよかったと思っておるぞ。おぬしも…長生き…するの…だ…ぞ…。「おぎゃー！」（わーい！　またポリプに戻ったぁ～！）

和名	ベニクラゲ
目・科	花クラゲ目・ベニクラゲモドキ科
生息地	北日本（夏～秋）
大きさ	直径約1cm

ベニクラゲ

ひかえめに言って、海の神

ペアで結婚しても、自分だけでも増える。さらに自分で若返り、赤ちゃんからやり直せる。そんなすさまじい生態を持つベニクラゲは、クローンのように海を生き抜いてきました。この若返り現象は、環境のストレスや物理的ダメージによって引き起こることがわかっています。彼らの生態を研究すれば、人間の寿命も大きく変わってくるかもしれません。まったく異なるいきものから命のヒントを得られるとしたらなんとロマンのある話なのでしょう!

なんかめんどくさそうなヤツがいるわ…

HEY!　カノジョ～、よってかな～い？

和名	アマミホシゾラフグ
目・科	フグ目・フグ科
生息地	奄美大島沖
大きさ	全長約11cm

アマミホシゾラフグ

海底のロマンチスト

ミステリーサークルを作ってナンパします。

「海底に突然現れたミステリーサークル。作ったのは神か、宇宙人か？　いえいえ、その正体は今話題の超クールなナイスガイ！　星空もようを身にまとったイケメン紳士があなたを待っている！」

…よし、僕のキャッチコピーはこんな感じでいいかな。このチラシを見たら…フフフ、きっと女の子が大勢で押しかけてきちゃうな。…おっ、女子来た！　やあ、そこのお嬢さん。僕がうわさの…あれ？　行っちゃった。まだかざりつけが足りないのかなぁ？　よーし、貝がらをカミカミ。僕は貝がらを口にくわえて運べるんだ。白い破片はこっちの山の方に。あれ？　真ん中になんかヘンな色の貝が落ちてる。これおいてったの誰？　も～、僕の美学に反するよ。あっちの方にポイッと。

広い砂地でたったひとり、黙々とミステリーサークルを描いていく僕のかっこいい背中。フッ…これぞモテる男の生き方さ。それにしても、早く女の子来ないかなあ。

ミステリーサークルの正体は、アマミホシゾラフグのオスが約1週間かけて作る直径約2mの円形の産卵巣。巣には放射状の溝が掘られ、どの方向から水が流れてきても中心の卵に新鮮な海水が届くよう工夫されています。ここまで複雑な巣を作る魚はとても珍しいとされており、なんとしてもメスを呼び込み、卵を産んでもらおうとするオスの必死さは圧巻です。しかし、繁殖が終わると巣は放っておかれるため発見前は謎めいたミステリーサークルとして話題になっていました。

性別変えて、なんとか生きてます。

水槽生活も楽じゃないぜ。ルームメイトがすぐ変わるんだもの。昨日、新しいオスが入ってきたから体の小さいオスのアタシは今、メスになる準備してるの。

その10日後…

お待たせ。もう心も体もメスよ。え、彼、別の水槽にお引越し？ ちょ、そしたらここでアタシが一番大きいじゃない…。待ってろ、俺すぐオスにもどるから。

さらに5日後…

待たせたな。なにっ!? またメスが引越し？ 結構俺のタイプだったのにな…。次はこのデカいのと暮らせってか？ も〜う！ じゃ、またメスに戻るわね。

そのまた1ケ月後…

ひぃ〜、何回性転換させたら気がすむんだよ。すごいエネルギー使うんだからちゃんと考えてから水槽に入れろよな、飼育員！ でもこれでようやく俺も結婚…って、おい！ そこ！ なにカップルになってんだよ！ 2匹入れるなって！ お、俺の立場は？

和名	オキナワベニハゼ
目・科	スズキ目・ハゼ科
生息地	伊豆半島から琉球列島
大きさ	体長約3cm

オキナワベニハゼ

男になったり女になったりラジバンダリ

性転換する魚はたくさんいます。でも、オキナワベニハゼは特別。どっちにでも、しかも何度でも性転換できます。ほかの個体に会うと、状況に合わせてまずは30分以内に行動がオス化・メス化します。その後、5〜10日ほどかけて体を性別に合わせて変えていきます。こんなことができるのは、性別を捨てきらないから。オスになっている間も卵巣※を小さく持っていて、メスの間も未熟な精巣※を持ち続けます。彼らは状況に応じて性別を変え、群れの中で生殖をコントロールして生きているのです。

※卵巣:子孫を残すために女性ホルモンを分泌するメスの器官のこと。
※精巣:子孫を残すために男性ホルモンを分泌するオスの器官のこと。

正直、※年イチしか使わないでかハサミがじゃまです。

またシオマネキが自慢のハサミ見せつけて〜って思ってるんスか？　正直、めっちゃじゃまッス、これ。まあ、オス同士のケンカとか天敵から身を守るためにたまに使うんッスけどね。ちょい力めば威嚇できるんスよ。

でもこのハサミ、デカすぎてごはん食べるのには使えないんス。だからちっさい方のハサミでチマチマ食べるんス。つくづく両腕がマッチョじゃなくてよかったッス。

で、このデカいのが活躍するのは、ハサミをフリフリして女子を招くときなんス。潮なんて招いてないッス。自分、女子へのアピールちゃんとしたいタイプなんで、とりあえずデコっといたかんじッス。

あと、どっちのハサミがデカいとか決まってないんスよ。でも右が大きいほうが多いらしいッス。人間で言う右利きと同じッスね。たまに左のハサミが大きいヤツ見つけると、アイツかっけーな〜って思うッス。

和名	シオマネキ
目・科	エビ目・スナガニ科
生息地	伊豆半島から琉球列島、中国、台湾
大きさ	甲幅約3.5cm

シオマネキ

デカけりゃいいってもんじゃない

※年1回という意味ではなく、1年の間の限られた期間という意味。

ちっさいほうのハサミで

チマチマチマチマチマチマチマチ

ごはんをチマチマ食べてます

シオマネキの大きなハサミの使い道には諸説ありますが、一番確実なのは、夏の繁殖期（5月～7月ぐらいの間）に見られるウェービングと呼ばれる求愛行動のため。したがって、片方のハサミが大きいのはオスだけ。大きすぎてじゃまですが、このハサミのおかげでメスにアピールをし、彼らは命をつなげてきました。また、ほかのオスとケンカするときにこの大きなハサミで威嚇し合ったり、ときには投げ飛ばしたりすることもありますが、こうした戦いは一瞬で終わることが多いようです。

このたびめでたくメスになりました
またモブか…
クソッ…

体が大きくないと結婚できません。

またダメだった…。「体長が0・7㎜足りないのであなたは予備群です」だって。この日のために背伸び運動してきたのに。もう身体測定落ちたの、何度目よ？

あ〜あ、いつになったら恋ができるのかな。カップルは1クラスに1組だけってだれが決めたわ

カクレクマノミ

なかなか結婚できない魚

和名	カクレクマノミ
目・科	スズキ目・スズメダイ科
生息地	琉球列島から西太平洋
大きさ	体長約8cm

河口
このへん
サンゴ礁
岩礁
砂地
海面
深海

け？　体が大きな2匹だけって。選ばれなかった僕はオスにもメスにもなれず、ヒレをくわえて見てるだけとかあんまりだよ！　そりゃあ、体が大きいもの同士がペアになったほうがじょうぶで健康な卵を産んで子孫を残せるんだろうけどさ。

ちなみに例の映画で僕らは一気に有名になったけど、あの主人公、じつは僕じゃないんだよね。でも、デートで水族館とか行って「あ、〇モだ！」「それはねぇクラウン・アネモネフィッシュという別種でさ」とかうんちくを言うとウザがられるかもだから気をつけよう。デートか…いいなぁ、恋したいなぁ〜。

カクレクマノミは、オスにもメスにもなれる可能性を持って生まれてきます。スタートは全員、両方の性別を未熟な状態で持っており、群れの中で1番体が大きな個体がメスになり、2番目に大きな個体がオスになります。そのほかは予備群のまま…。メスがなんらかの理由でいなくなると、2番目に大きなオスがメスになり、3番目がオスに成熟。彼らはできるだけ健康な卵を多く産むため、このように効率的にペアを作り、命をつなげてきたのです。

じまんのヘアスタイルは僕の子どもたちイクメンの証です。

タツノオトシゴ、ネンブツダイ、アイナメ…。魚の世界にはいろんなイクメンがいるよね。お腹の袋で育てたり、口の中で育てたり、ヒレをパタパタして新鮮な海水をかけたり、体からミルクを出して子育てする魚もいるんだよね。パパたちの工夫、これ以上ないと思ったでしょ？　ね？　ね？

と〜ころがどっこい。まだあったんだな〜。その方法とは…「おでこのフックに引っかけて守る」でした〜！　だってほら、目の前で見守れるんだよ。文字通り、目の前だよ。ど〜ですか！　この発想！　アイディアって無限大でしょ？　ね？

ボクら子守をする魚の中でもコモリウオなんてそのまんまの名前をもらったんだもんね。悪いね〜、ほかのイクメン魚たち。この発明はそれだけすばらしいものだってことだよね。魚の子育ての中で一番認められてるってことだもんね。ね？ね？　すごいよね？

和名	コモリウオ
目・科	スズキ目・コモリウオ科
生息地	インド洋から太平洋の熱帯部
大きさ	体長約13cm

コモリウオ

誰にも負けない究極のイクメン

文字どおり目と鼻の先

ブツブツ卵をくっつけたパパがとおりますよ～

オーストラリアのにごった河口付近に住んでいるコモリウオ。英名でも「ナーサリー・フィッシュ（子守をする魚）」と呼ばれ、子育て方法が多様な魚の世界の中でも目立った存在だということがわかります。生息域が狭く、水族館での飼育例も少ないため、どのようにしてメスがオスのおでこのフックに卵を引っかけているのか、くわしい生態はわかっていません。しかし、我が子を守るためには文字通り、“目と鼻の先”が一番安全だと思ったのでしょう。

“人魚の財布”はじつは卵。

はいどーも。トラザメです。

ネコザメです。

最近困りごとがあんねん。

入れ歯が合わん？

入れ歯ちゃう！　サメの歯、何度でも生えてくるわ！
最近、俺より卵の方が注目されて困ってんねん。

もともと人気もないしな。

やかましいわ！　で、俺の卵「人魚の財布」って呼ばれとって。ロマンチックすぎひん？　サメなのに親かすむわ。

お前なあ、そら贅沢な悩みやで。俺の卵知っとるやろ？　ドリルやで。

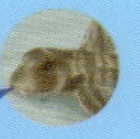

せやな！　ロマンチックのかけらもない形やな。

だからな、俺も卵が人気出るように名前つけてみたんや。オレの卵はな、「魚人の財布」や。

気持ち悪！　よけい人気なくなるわ。もうええわ。

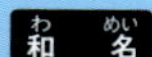

どうも、ありがとうございました〜。

和名	ネコザメ	トラザメ
目・科	ネコザメ目・ネコザメ科	メジロザメ目・トラザメ科
生息地	東北地方から九州、東シナ海	北海道から九州、東シナ海
大きさ	全長約1.2m	全長約50cm

サメ

へんてこ卵ランキング世界一

※実際は大きさや住んでいるところはバラバラです。

サメの仲間には卵を産む卵生の種類と、体内で卵を孵化させてから赤ちゃんを産む卵胎生の種類がいます。トラザメやネコザメなど卵生のサメは、ぎゅうぎゅう詰めの大きさになるまで、卵の中で成長します。特徴的な形の卵ですが、これに守られて赤ちゃんは元気に育ちます。また、卵の端はツタのように伸びていて海藻などに絡まり、安全な場所に留まるので、潮に流されないようになっています。

column 3

カリブの海のライフハック

こんなとき、どうする？

くしゃみが止まらなくなる!? ハクションクラゲにご注意！

クラゲは刺すもの。触らければ安全。そう思っている方が多いのではないでしょうか。甘～い！　なんとクラゲの中には死んで乾燥してもなお人間を攻撃してくるツワモノがいるのです。実際に体験したエピソードをご紹介しましょう。

あれは、僕がまだ小学生だったころの話。網とバケツを持ち、幼魚を追い求めて漁港をめぐる岸壁採集家の僕は、伊豆のとある港で海面をじっと見ていました。するとただようアカクラゲの触手の間にハナビラウオを発見！　敵から身を守るために、あえて毒のあるクラゲと一緒に過ごす魚です。はじめて見るハナビラウオに僕は大興奮！　大きな網でアカクラゲごとすくい、刺されないようにバケツでハナビラウオだけをとりあげました。家に帰って網を真水でよく洗い、玄関に立てかけて干しておきました。そして次の日…。僕も父も母も、なぜかくしゃみが止まらなくなったのです。3人で1日中「へえっくしょん！」とくしゃみしているのでこれはおかしいと思って調べてみると…原因はなんと網にからまって干からびていたアカクラゲの触手！　それもするめの糸くずほどの細いものだっ

アカクラゲさん
ハックショーイ!!
まるでギョーザ
カツオノエボシさん

たのです。

アカクラゲは、別名ハクションクラゲ。乾燥した毒針が空気中をとび、ひどい花粉症のような症状を起こします。どうすればいいかと聞かれてもこまってしまいますが…。マスクでちょっとはふせげるとはいえ、一番は網に触手を残さずきれいに洗うことですね。

ほかにも注意したいのが、電気クラゲとして有名なカツオノエボシ。泳いでいて刺されると呼吸困難を引き起こすほどのおそろしいクラゲです。しかし、観光地でもごく普通に浮かんでいて、夏になるとよく砂浜に打ち上がってきます。これがまた、すきとおった青い水餃子みたいな姿でつい触りたくなる美しさなのです。これも、死んでいても毒性は残っているので、絶対に触ってはいけません。

第4章

せっかく生き残ったのにへんな名前をつけられました。

いきものには、皆さんがよく知っている名前のほかにも、
「学名」といわれる名前がラテン語でつけられています。
学名とは学問上、いきものたちを呼ぶために
世界共通につけられた名前のこと。
学名は、どんな種類に属しているのかを示す「属名」と、
そのいきものの特徴をあらわす「種小名」によってつけられます。
そんな海のいきもののさまざまな名前を調べてみると、
へんな名前をつけられてしまった残念な魚もたくさん!

海の中劇場

誰がしゃべっているか当ててみよう

1
ねぇ、マジで
私の名前が一番
かわいそうだと思うよ?
マジで。
うんこって
やばくない?

2
僕の名前だって
なかなか
ひどいよ…。
あ～あ、こんなに
黄色とブルーのすてきな
もようをしているのになあ

3
いやいや、
一番マヌケなの
たぶん僕だよ…。
うっかりはんじゃ
ないんだから…

4
まあまあ、みなのしゅう。
恨むなら学者の人間どもを
恨もうではないか!
まったく人間は調べが
甘くて困ったもんだな

正解 1:クロホシマンジュウダイ 2:ソウシハギ 3:ウッカリカサゴ 4:ニセゴイシウツボ

和名	ブリ
目・科	スズキ目・アジ科
生息地	北海道から九州、朝鮮半島
大きさ	体長約1m

ブリ

心に闇をかかえるぶりっ子♥

ブリだけど ぶりっ子じゃないもん。

あたしぃ、よく「ぶりっ子してる」って言われるんですけどぉ、じつはちがうんですぅ〜。タラコはタラさんの卵でしょぉ？ トビッコはトビウオさんの卵ですよねぇ。でもぉ、ブリコはあたしたちブリの卵じゃなくて、ハタハタさんの卵のことなんですよぉ〜。ブリの卵だと思っちゃいますよねぇ〜。

どぉしてこんな紛らわしい呼び名にしたんでしょぉね〜。よくまちがえられるから、もぉぷんぷんですっ！（心の声…は？ あんなにキモいハタハタの卵にブリの名前を使うの、やめてほしいんですけど）

あ、ちなみにあたしたちブリの子はぶりっ子じゃなくてモジャコっていうんですよぉ〜。卵じゃなくて赤ちゃんのころの呼び名ですぅ。藻につく雑魚（じゃこ）でモジャコですぅ。かわいくないですかぁ〜？（心の声…はぁ？ 雑魚？ ケンカ売ってんの？ ありがたい魚の出世魚って認められるくらい人間の食卓に貢献してきたのにさ、ありえないんだけど！）

ハタハタの卵はとても弾力があり、食べると食感がブリブリとするためブリコと呼ぶようになったとか。ネバネバしていてカラフルで、とても特徴的です。対するブリの卵は、大きなタラコのような見た目をしています。う〜む、個性で負けたか？ それは冗談として、秋田では昔からハタハタを貴重な食材として大切にしていたので、人々が接する機会が多く、先に呼び名がついてしまったのでしょうか。ブリも大切にされてきたはずなのですが…。

和名	マンボウ
目・科	フグ目・マンボウ科
生息地	全世界の温帯から熱帯域
大きさ	体長約4m

マンボウ

ナイーブで心配性

見た目は石臼だけど超デリケートなんです。

あの…わたし…こんな大きな体をしているけれど、体も心もデリケートなの…。わたしを見つけた人間は「Mola mola」なんてかわいらしい学名をつけてくださったみたいね…。

直訳すると「石臼・石臼」という意味なんですって？　2回も繰り返しているのだから…よほど似ていたのでしょうね…。

わたし、石臼というものを知らないけれど…きっととてもせん細ではかなげなものなのでしょう。だってわたしの体はこんなにも壊れやすいんですもの…。わたしあまり素早く泳げないの…。だからこのあいだ、お友達が船にぶつかって死んじゃったの…。先月は別のお友達がクラゲとまちがえてビニール袋を飲み込んで…喉に詰まらせて死んじゃったの…。

でも、わたしだってやるときはやるのよ。体に寄生虫がつくとかゆいから、ジャンプして海面に体を叩きつけて振り落とすの。すごいでしょう？　でもね…叩きつけたショックで…死んじゃうの…。


数々の死亡説がありますが、実際のところはどれも都市伝説のようです。じつは、マンボウはフグの仲間。フグは、敵にまる飲みされないようにと体を大きくふくらませる能力を進化の過程で得たため、ふくらますのにじゃまだったお腹まわりの骨がありません。マンボウも祖先のフグの骨格構造を受け継ぎ、骨は顔まわりにあるだけでスカスカ。骨抜きに進化した体ですが、逆に体を大きくして生き残ってきたマンボウにとっては、デリケートさを際立たせる構造となってしまったのかもしれません。

和名	シロカジキ
目・科	スズキ目・マカジキ科
生息地	北海道から琉球列島、インド洋、太平洋
大きさ	全長約4.5m

シロカジキ

国によって名前の差がはげしめ

シロだけどクロとも呼ばれる。なんででしょう？

おう、おう！　オレの名はシロカジキだ。最大級のカジキだからよぉ、迫力は別格だぜ！　アメリカから来たってぇお前は何者だ？　はぁ？　ブラックマーリンだと？　おう、おう！　おかしいじゃやねぇか。オレたち同じ種類なのに、名前が白黒まるで反対とはどういうこった！

オレはなぁ、ほかのカジキと比べて背中が白っぽいんだよ。だからシロカジキっていうんだ。日本の市場で人間が見てそう言ってんだからまちがいねぇ。お前どこがブラックなんだよ？　はぁ？　背中だぁ？　ふざけんな。そりゃ生きてるときの色だろうが。

ああ、すっきりしねぇ。ここでシロクロはっきりつけようじゃねぇか。審判が必要だな。よし、ダチのクロカジキを呼んできたぞ。

おい、お前の国のアメリカにもクロカジキはいんのか？　そいつの名前はなんてんだ？　はぁ？　ブルーマーリンだぁ？　お前、クロじゃなくて青（ブルー）ってどういうことだよ！　まぎらわしいな、オイ！

どの状態を見るかによって、魚はまったくちがって見えます。スポーツフィッシングが盛んな欧米でシロカジキといえば、海面からジャンプする姿。生きているシロカジキの背は黒色のため、ブラックマーリンと呼ばれます。一方日本では、水あげされて市場に並ぶ姿が一般的。死んだシロカジキは白くなります。魚と人間の関係は国によって異なるので見え方のちがいが名前に表れます。ほかにも、生きているときは白地に黄色の筋で、死ぬと赤くなるというアカヒメジという魚も。

読みまちがいを名前にされちゃいました。

あっしは生まれてこの方ずっと肩身のせまい思いをしておりやす。ソメワケベラの兄さんとすれちがうたび、にらまれるんでやす。そりゃあおもしろくないですわな、あとに発見されたあっしの名前に「ホン（本）」がついているんでやすから。でも、あっしのせいでなく、人間のせいでやす。最初はスマートなあっしらに「ホソ（細）ソメワケベラ」なる名前をつけてくれたのに、「ソ」と「ン」をまちがえて名前を登録するなんて…。そこをまちがえちゃあエライ問題でやすよ。

そんなこんなであっし、少しでも好感度を上げようと大きなお魚さんたちの体のそうじして回っているんでやす。少しでもソメワケベラ兄さんの仕事のてつだいになればと。そしたらちょっと顔立ちがいいせいか、兄さんたちより人気が出ちまいやして。ますますにらまれるようになっちまいやした。裏目に出るとは、まさにこのことでござんすな。

和名	ホンソメワケベラ
目・科	スズキ目・ベラ科
生息地	房総半島から琉球列島、インド洋、太平洋
大きさ	体長約10cm

ホンソメワケベラ

とばっちりの気まずさ

魚のエラやヒレについた寄生虫を食べてそうじをする魚をクリーナーフィッシュといいます。色合いが美しく、細くてかわいらしい姿のホンソメワケベラは、青くて笑っていない顔、太めの体をしたソメワケベラよりも人気が高く、水族館などでもよく見かけます。読みまちがいで名づけられた名前のせいもあり、もはやこちらが主役。本家ソメワケベラのあわれなこと…。彼らもりっぱなクリーナーフィッシュなので、注目してあげたいところです。

本家が消えてニセが残りました。

人間はじつに身勝手だ。「ニセ」とか「モドキ」とか「ダマシ」とか勝手に名づけおって。みんな本物なのだがな。特に、私たちはうんざりしている。「本家のゴイシウツボさんはどちらですか?」などとよく聞かれるのだ。

いないのだ。今となっては私たちニセしかいないのだ。もともとはゴイシウツボもいたのだが、よく調べたら同じ種類だったから一緒にしたそうだ。なぜニセのほうに統合したのだ。

せっかく生きてきたのに、つけられた名前が「ニセ」だなんてたまったもんじゃない。なんと紛らわしいことをしてくれたな、人間!

なんでも人間は私たちの幼魚を別の種類だと思いこんでいたようだ。たしかに斑点もようの大きさはちがう。だが、幼魚とはそういうものだ。親と姿がちがうことで大人たちのケンカに巻き込まれないですむようになっているのだ。つくづく調べが甘いぞ、人間!

和名	ニセゴイシウツボ
目・科	ウナギ目・ウツボ科
生息地	伊豆半島から琉球列島、西太平洋
大きさ	全長約1.8m

ニセ ゴイシウツボ

よく見たらニセでもなかった

いまいちど問いたい。なぜニセとつけたのか？

もともと別種とされていたゴイシウツボとニセゴイシウツボ。しかし、のちの研究で同じ種類だということが判明しました。ではなぜニセの方が残ったのか。それは、学名が先につけられた、つまり世界で先に見つかっていたのがニセゴイシウツボだったからです。分類学では、先に学名がつけられたものが残るという決まりがあります。世界から見ればふしぎはないのですが、和名にニセとついていたので、日本ではなんともおかしな状況になってしまいましたね。

マジで下品な名前なんだけど〜

和名	クロホシマンジュウダイ
目・科	スズキ目・クロホシマンジュウダイ科
生息地	東京湾から琉球列島、インド洋、西太平洋
大きさ	体長約35cm

クロホシマンジュウダイ

えげつない名前選手権代表

うんこを食べてることにされてます。

ちょっとヒドすぎない？　食いしんぼうだからって、うんこでもなんでも食べるみたいな学名つけるのやめてよねー。ウチらはコケやヘドロを食べてるわけ。うんこなんて好んで食べないしー。

てかさ、もっといい表現があったよね？　好き嫌いがないとかめっちゃいい食いっぷりとかさー。いろんなもの食べられるから、どこでも生きていけるわけ。だから生き残ってきたわけ。ウチらの生命力をほめるとこでしょ。それをなに？　下品で意地汚いヤツ扱い？　イミわかんないんだけどー。

おいしいんだよ、ウチら。でも市場で見ないっしょ？　絶対名前のせいだってー。

ウチら水族館でも人気あるのにさー、名前が長すぎるせいで呼んでもらえないわけ。せっかく和名ではおいしそうなマンジュウって入ってんのに、みんな愛称で「スキャット」って呼ぶわけ。スキャットって学名の頭んとこね。え？　それ結局うんこだし！

淡水でも海水でも汽水※でも元気に生きるクロホシマンジュウダイ。その生命力を支える雑食性のせいで、なんともかわいそうな名前になってしまいました。元々南方系の魚でしたが、近年は関東周辺の漁港にも幼魚が多く現れるように。まるっこい体でちょこまか泳ぐ姿がかわいらしく、観賞魚としても人気です。ちなみに「Scatophagus argus」という学名を最後まで訳すと「糞（うんこ）を食べる百眼の怪獣」となり、全体的に残念です。

※汽水：海につながる湖沼や河口の近くで淡水と海水がまじりあった水のこと。

魚の世界でもスズキさんは多いんです。

はじめまして。私、スズキと申します。正真正銘スズキです。ありのままのスズキです。スズキ目スズキ科スズキ属に所属しております。ど真ん中のスズキです。

なぜ、私が真のスズキであることを強調するかというと、親族でもないのにスズキ目を名のる魚が

スズキ

世界はスズキであふれてる

和名	スズキ
目・科	スズキ目・スズキ科
生息地	北海道から九州、朝鮮半島
大きさ	体長約80cm

たくさんいると聞いたもので。まぁ、私は心が広いので、名のること自体は気にしておりません。進化の起源で考えると、スズキは魚の祖先的存在だったとも聞きます。言ってみれば、スズキが魚界をリードしてきたからこそ、海は成り立ってるのかもしれない。むしろ誇らしいことです。

多くの魚がいる中で、私が中心である今の魚界のあり方には満足しています。魚食文化を長年、担ってきたことを考えれば、あたり前のことでしょう。

あ、つい自己紹介が長くなってしまいました。それで、あなたはサケ目のイトウさんでしたね？

スズキ目に属する魚は1万種類以上います。これは魚だけでなく脊椎動物でみても最大の目。さらに研究によると、カサゴ目やフグ目も祖先をたどるとスズキ目と近い関係性だという見方もあり、いったいどこまでスズキの勢いが広がっていくのやら。僕も同じ「鈴木」としてはうれしいところです。ちなみに、スズキさんは自分が中心だと言っていますが、それは日本での和名の話。世界的にみると、スズキ目とスズキとの関係はどんなものなのでしょうね。

イトコとハトコがいるけどしんせきじゃなかった。

○月×日（大潮）

きょうは、パパといっしょに、おじいちゃんのいえにいきました。イトコとハトコもきていたので、いっしょにヨコエビをおいかけてあそびました。

ぼくはイトコにもハトコにも、あうのがはじめてでした。

ぜんぜんにてないので、パパにきいてみたら「よくしらないけれど、ちがつな

タツノオトシゴ

体は似てるが、他人そのもの

がっていないとおもう」といわれました。しんせきじゃないのにまわりのみんながイトコ、ハトコとよぶのがとてもたのしかったです。

いえにかえって、おとなりのものしりのハナタツさんにそのことをはなしたら、そのこたちはちがうしゅるいだといわれました。ぼくがあったのは、ぼくのイトコとハトコではなく、タツノイトコとタツノハトコだったみたいです。

たちおよぎができなくて、びろーんとのびたままおよいでいたのが、とてもたのしかったです。

分類学上はみんな同じトゲウオ目。まるで親せきのように名前がつけられていますが、血がつながっているわけではありません。また、タツノイトコとタツノハトコは、立ち泳ぎはせずに横に泳ぎます。ちなみに学名には、親族に関する言葉は使われていません。タツノイトコとタツノハトコというネーミングは家族を大事にする日本人ならではのセンスなのでしょう。魚の名づけ方には、その国の文化や習慣が出ていておもしろいですね。

和名	タツノオトシゴ
目・科	トゲウオ目・ヨウジウオ科
生息地	青森県から九州、朝鮮半島
大きさ	高さ約10cm

王様なのにマスノスケって呼ばれてます。

サケの種類の中でも頂点に立つのがワシ、キングサーモンじゃ。体長約1m、体重60kgにもなるワシは、まさに王様にふさわしい。よい名前をもらったものじゃ。

しかし、日本ではワシのことを「マスノスケ」と呼ぶそうじゃないか。まったく王様の風格を感じないマヌケな名前だ。日本人はサケが好きで、ワシらの恩恵を受けて生活していると聞くが、それでいてこの扱い。ワシは怒りを感じておるぞ！

日本にいる子分たちに聞いたら「介（スケ）」は昔、朝廷から諸国に赴任させた地方官のことを呼ぶ「国司の次官」を表す呼び名だったらしい。「だから、マスの仲間の親分ってことですよ！」とおだてられたわい。しかし、ひびきがどうにもなぁ。「マスノオウ」ではいかんのか。いや、「ノ」が入るとダサいのう。「マスオウ」がよい。うむ、これからワシはマスオウじゃ。魚類学者よ、いそぎ書き変えておきたまえ。

キングサーモン

失脚しかける寿司屋の人気者

和名	マスノスケ
目・科	サケ目・サケ科
生息地	日本海、オホーツク海、ベーリング海、北太平洋
大きさ	体長約85cm

王の命令じゃ！今すぐ和名を変えよ！

よくまちがわれますが、サケは赤身魚ではありません。じつは幼魚の身は白。エビやカニなど甲殻類を食べて成長するうちに、それに含まれるアスタキサンチンという栄養素の赤色が吸収されて身がきれいなサーモンピンクになります。また、ご存じのとおり、サケの卵のイクラは赤いですよね。じつはあれ、お母さんサケが自分の体の栄養をそそぎこむからなんです。そして、卵を産んだあと、白身に戻るといいます。この親の愛のおかげで彼らは今日まで命をつなげてきたのですね。

ウッカリでこんな名前にされました。

へンな名前って言うなよな。おいら、気に入ってるよ、この名前。シャレが利いていていいじゃないか。「学者がウッカリしてカサゴと混同してしまう」って意味なんだろ？　人間もおもしろいこと考えるなぁ。暮らしている深さもカサゴとかぶらないようにしているのに、ウッカリまちがえることなんてありゃしないだろうさ。ハハ。

　だって見た目も全然ちがうもんな。カサゴには小さな白い斑点もように縁どりがないけれど、おいらには縁どりがあるんだぜ。こんなん、みまちがうわけがないじゃないか、な！　ハハハ。

　…ん？　人間の目にはささいなちがいだからほんとに混同してたって？　ま、まあ、ウッカリしてたのは人間の方ってことだからな。おいらには関係ないな。ハハ。

　え？　名前のせいで、おいらがウッカリ者かのように聞こえるって？　ウッカリしたカサゴだって？　ハハ…ハハハハ…ハハ…。

和名	ウッカリカサゴ
目・科	スズキ目・メバル科
生息地	青森県から九州、東シナ海
大きさ	体長約37cm

ウッカリカサゴ

うっかりじゃ、すまされない

はい！ ウッカリカサゴ！

もうネタにしてやるよ…

1978年、ウッカリカサゴは外国人研究者により、日本で発見された個体が新種であると報告されました。それまでもカサゴに紛れて捕れてはいましたが、姿が似ているため、魚類学者たちはちがいに気づかず、本当にウッカリ混同していたといいます。それをそのまま和名につけるところがユーモアがあって楽しいですね。学名の「Sebastiscus Tertius」も、カサゴ、アヤメカサゴに続く「第3のカサゴ」という意味の言葉がつけられていて、扱いがなかなか残念な感じになっています。

られないの？

トゲの数がよくわからない名前をつけられました。

あら、わたくしのこの美しいトゲに見とれているの？　どうぞご覧なさい。背中に1本、お腹に2本、長く伸びたかたいトゲ。これをピンと立てて泳ぐのよ。なんてスタイリッシュなの。

さあ、この姿にふさわしい名前をつけてちょうだい。3つトゲ？

ギマ

日本インスタ映え魚ランキング第1位

和名	ギマ
目・科	フグ目・ギマ科
生息地	北海道から九州、東・南シナ海、インド洋、西太平洋
大きさ	体長約25cm

ねぇ、あなた数もかぞえ

そうね、トゲは全部で3本あるものね。属名はそれでいいですわよ。次に種小名ね。…はい？　2本のトゲ？　ちょっと、よく数えてくださる？　トゲは3本あるわよね？　このトゲは外敵に「わたくしを食べると痛いですわよ？」というアピールをする大切なトゲらしくてよ？　ちゃんと正しく名前をつけてくださらないとわたくし、悲しんでしまいますわよ。

どう？　書き直せたかしら？　え？　「2つのトゲのある3つトゲ」ですって？　あなた、数もかぞえられないの？　もう登録してしまったなんて…。わたくし、アイデンティティが崩れてしまいますわ…。

「Triacanthus biaculeatus（2つのトゲのある3つトゲ）」という学名もふしぎですが、和名の「ギマ」も聞きなれないひびき。これは、銀色で馬のような顔をしていることから、銀の馬（ギンマ）が短くなってギマになったという説があります。漁師さんたちにはトゲが網にからまる厄介者と思われていますが、お腹側の2本のトゲで地面に立たせることができるため、釣り人の間ではギマを立たせて並べた姿がインスタ映えするという人気も。

和名	ソウシハギ
目・科	フグ目・カワハギ科
生息地	全世界の温帯から熱帯域
大きさ	体長約75cm

ソウシハギ

おちょぼ口のネガティブ思考

“汚いラクガキ”って名前、ひどすぎないですか？

あーあ。どうせ僕なんか、海の嫌われ者だよ。毎年夏のニュースで「日本近海の猛毒魚」って大々的に紹介されるんだよね。たしかにパリトキシンとかシガテラ毒とかやばい毒は持ってるよ。でもさ、こんな毒、僕以外にも持ってる魚いるよ？　アオブダイとか、バラハタとか。なんで僕だけ悪者にするわけ？

僕、自分で毒を作ってるわけじゃないしね。食べ物に含まれてた毒が体に溜まっただけ。てか、この毒を持ってるからなんだかんだ海で生き残ってこられたんだけど。

「フグ毒の数十倍の威力だ」とかって騒いでるけど、フグは種類によって毒を持つ部位がちがうんでしょ？　僕は一部の内臓にしか毒ないよ。僕よりフグのほうがタチ悪いと思うんだけど…。

魚類学者だけは僕のことわかってくれると思ってたんだけどな。なのに、「汚いラクガキ」なんて学名つけられちゃって、立ち直れないよ…。せめて見た目ぐらいほめてよ…。

ソウシハギにはパリトキシンという毒が内臓に溜まっていることがあり、食べてあたると危険なのでよく注意喚起されています。そのせいもあってか、彼の学名「Aluterus scriptus」の直訳は「汚い覚え書き」。なんともあわれなネーミングですが、毒を含んでいるかどうかは個体差があり、さらに毒を持つ個体が多く捕れる南方地域ではそもそも内臓を食べないため、じつはソウシハギによる死亡例は報告されていません。あまり嫌わないであげましょう。

あと一歩で超有名人と同姓同名になるとこでした。

サザエです！　最近、やっと名前をつけてもらいました。食べる貝として人間のみなさんの食卓にずっと貢献してきていたと思っていたのですが、そんなあたしに、これまで正式な学名がなかったこと、正直驚いています。

これまで一度も有効な学名がつけられていないいきものは、事実上、新種として扱われるそうです。あたしが新種ですって！　もうずっと昔から〝お茶の間〟で親しまれてきたというのに、ふしぎでなりませんね。

もうひとつ驚いたことがあります。長年、あたしは「フグ田サザエ」だと思ってきました。ところが、ちがったようです。あら？　かなり惜しい学名をつけてもらったようですね。

あっ、ちなみに、あたしたちサザエの性別の見分け方ですが、抜き出した身のとぐろを巻いている部分の色が白っぽいのがオス、緑色っぽいものがメスなんですよ。ではまた来週！

ウフフフフフフフ。

和名	サザエ
目・科	ニシキウズ目・リュウテン科
生息地	北海道南部から本州、朝鮮半島南部
大きさ	殻長約17cm

サザエ

100年以上名前をつけられなかった貝

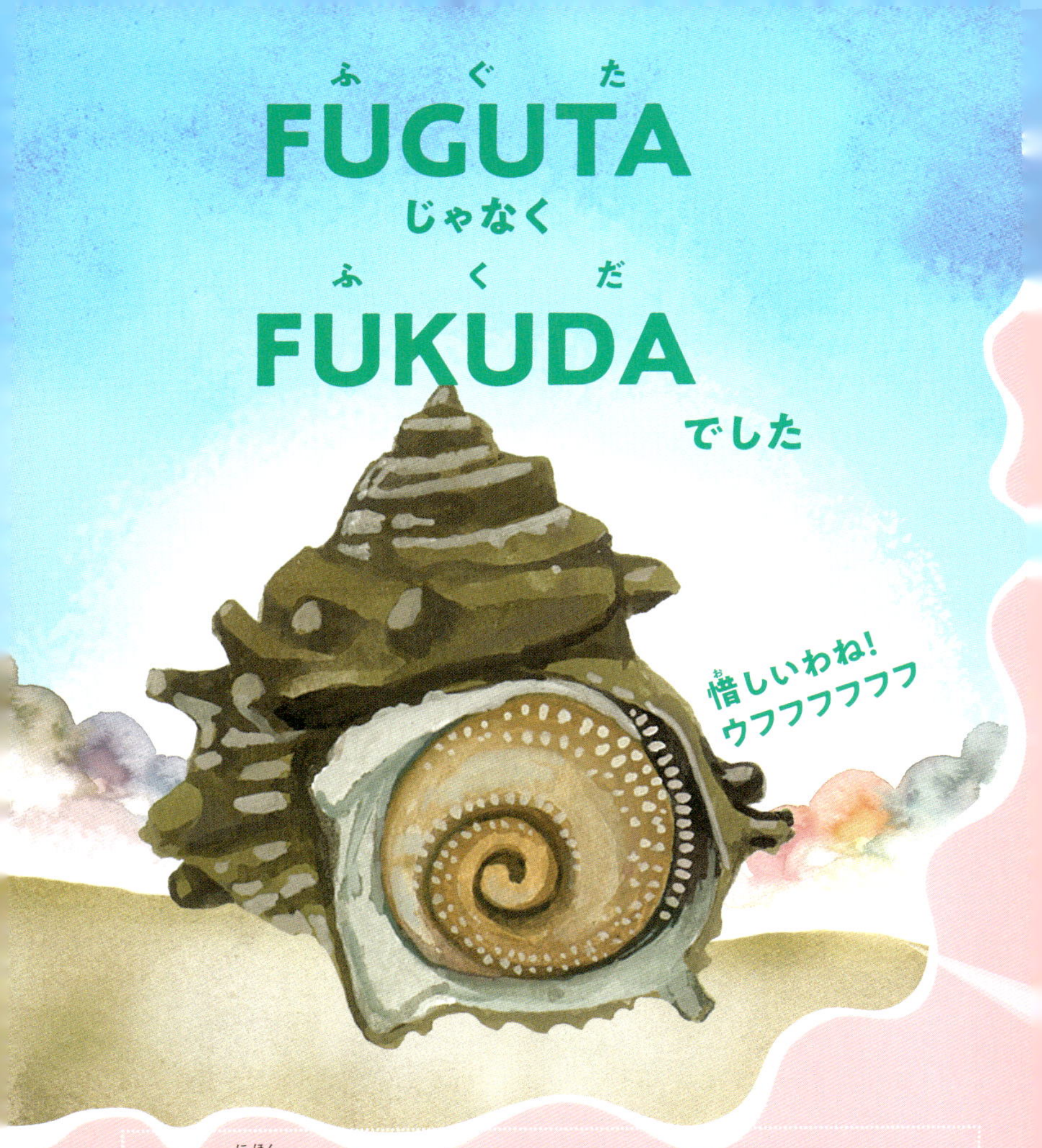
ふぐた
FUGUTA
じゃなく
ふくだ
FUKUDA
でした
惜しいわね!
ウフフフフフ

これまで日本のサザエは「Turbo cornutus」とされていましたが、じつはこれ、中国産のナンカイサザエのこと。これと日本のサザエが混同されて、長い間、世界中の研究者たちが誤解し続けていたのです。学名を表記する際には属名・種小名のあとに、命名者名がきます。今回の名づけ親は岡山大学の福田宏先生。そのため、「Turbo sazae Fukuda, 2017※」となりました。これを見ると、多くの日本人がズコーッとなるのではないでしょうか?

※2017年、岡山大学大学院環境生命科学研究科の福田宏准教授がサザエを事実上の新種として、「*Turbo sazae Fukuda, 2017*」と命名。この研究結果は軟体動物学雑誌『Molluscan Research』に掲載された。

column 4

カリブの海のライフハック

こんなとき、どうする?

腕からはなれない! タコにからまれたらどうする?

「カラストンビ」を知っていますか? これはタコやイカが持つくちばしの名前。タコの口は足のつけ根にあり、その中央にカラストンビがついています。

カラストンビは、人間でいう歯のようなもの。一方はカラスのくちばしのように長く、もう一方はタカのように曲がっていることからこの名がつきました。タコといえば吸いつくイメージが強く、あまり歯がある印象がないかもしれません。しかし、このカラストンビはかたい甲殻類をもかみくだいてしまうほど強力なもの。ニュルニュルとやわらかそうなタコですが、じつは強い歯を持ち合わせているのです。

よく海辺で、捕ったタコを腕にからませて記念撮影している人を見かけますが、内心ヒヤヒヤしています。カラストンビでかまれたらえらいことになるぞ、と。痛くて血がドバッと出るだけではありません。タコのつばには毒があるのです。

ヒョウモンダコはフグと同じテトロドトキシンという毒を持ち、マダコもチラミンやセファロトキシンという毒を持っています。この毒は獲物にかみつき、しびれさせるためのものですが、当然、人

間もかまれたらダメージを受けます。傷口から毒が入ると、長いときは1週間以上もはれや痛みでくるしむことに…。

では、タコにからまれたらどうしたらいいのでしょう。力ずくで引きはがそうとしても、吸いつく力は強まるばかり。より一層足をからめてきます。しかし、その対処法は意外にもかんたん。そっと腕を地面におけばいいのです。それだけ。

ふしぎなもので、タコはどちらの方向に行けば海へ帰れるかを知っています。腕を地面におくと、さっきまでの力がうそのようにゆるめられ、ニュルニュルと海へ戻っていくのです。これはカニにはさまれたときにも使える方法。わざわざ試してみるのはオススメしませんが、もしものときにはぜひ、だまされたと思ってやってみてください。

第5章

深〜い海の中でがんばってます。

深海とは、水深200mよりも深い
海のことを言います。水深約1000mから先は
太陽の光が届かず、完全にまっくらな世界。
また、深海の水温は約2〜4℃ととても冷たく、
人間が深海の深いところまでにもぐってしまうと、
つぶれてしまうほど大きな水の力がかかります。
そんな私たち人間が暮らせないような深い海の中にも
生きているいきものたちが。
彼らは深い海の中でも生き抜けるように独自の進化をとげ、
今日まで生き残ってきたのです。

海の中劇場

誰がしゃべっているか当ててみよう

1
いや～深海だとなかなか
お会いする機会がねぇから
こうやってみんなでしゃべるのは
新鮮だべな。ハハハ。
相変わらず
でっかい口は
閉じれねぇ
けどな

2
わかります～。
魚だけじゃなくって人間にも
あんまり会わないから
僕らかんちがいされている
ことも多いですよね。
僕なんてもうそりゃあ
恐ろしいタコみたいに
言われてます

3
そうですか?
僕の仲間はよく釣りで
釣られているみたい
ですけどね。
まあ、僕のこと食べると
おしりが大変なことに
なるらしいですけど

4
そうごちゃごちゃ
申してはあきまへん。
我らは深海に住むもの。
尊厳を持って生きて
行きましょうや。
麻呂のように
ゆっくりじっくり歩くのも
ひとつの手でおじゃるよ

正解 1:オニキンメ 2:コウモリダコ 3:バラムツ 4:ワヌケフウリュウウオ

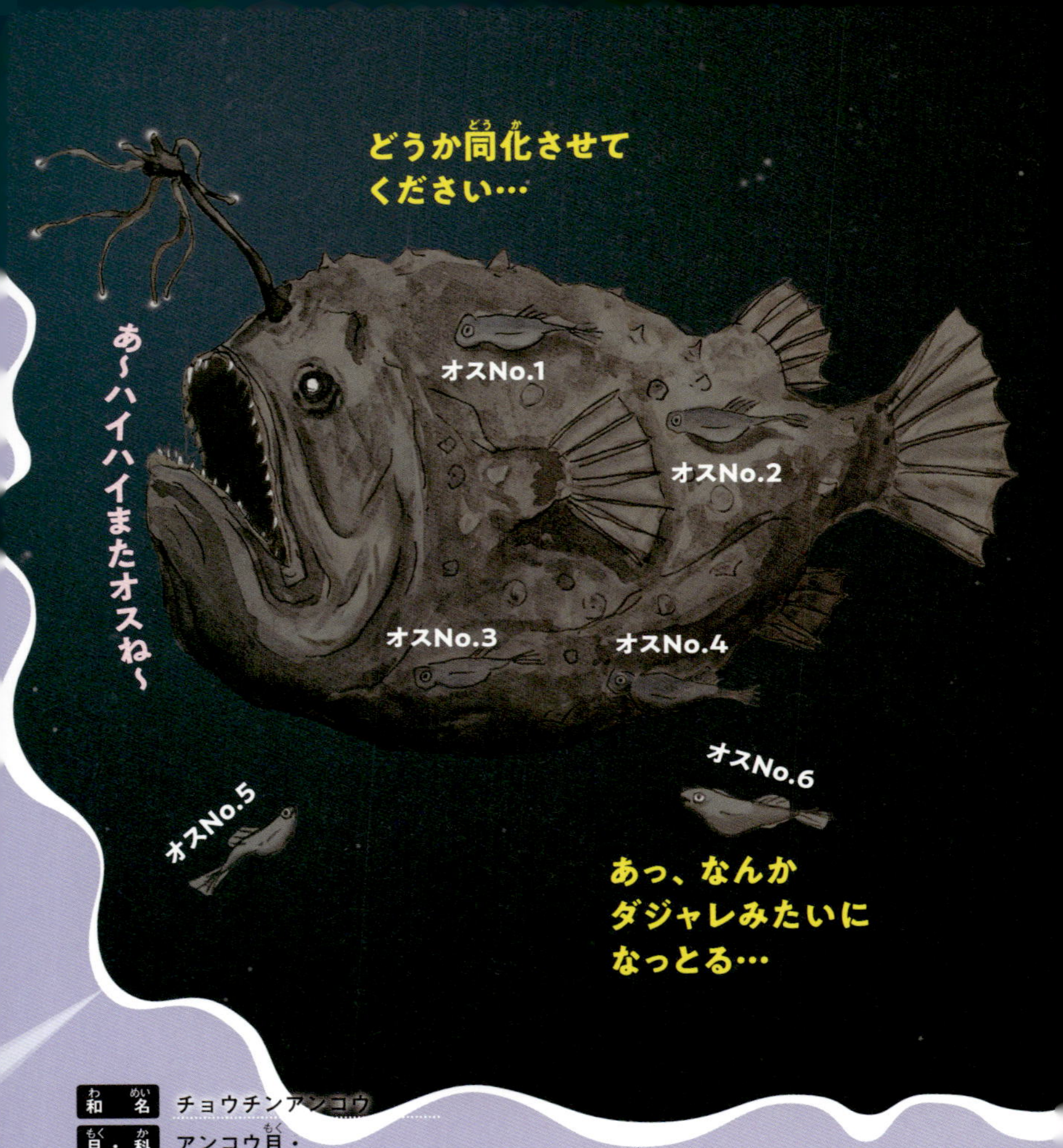

チョウチン アンコウ

それは、究極の愛

どうか同化させてください…

あ～ハイハイまたオスね～

オスNo.1

オスNo.2

オスNo.3

オスNo.4

オスNo.5

オスNo.6

あっ、なんかダジャレみたいになっとる…

和名	チョウチンアンコウ
目・科	アンコウ目・チョウチンアンコウ科
生息地	釧路から相模湾、大西洋
大きさ	メス：体長約60cm オス：体長約4cm

河口
サンゴ礁
岩礁
砂地
海面
このへん
深海

いつでもお嫁さん探しに必死です。

僕はあなたと一緒になりたいです！　あなたにこの身をささげます。どうせあなたのようなりっぱなちょうちんも大きな口も持っていないこの僕です。この身を捨てて、あなたと同化したいのです。

僕らはお嫁さんを探してまっくらな深海を泳ぎ続けます。出会いにめぐまれずに死んでしまった友人もいます。だからあなたとの出会いは奇跡。あなたは、果て無く広がる暗闇に差し込んだ一筋の光です。まさにその神々しいちょうちんのように。

もうすでに4匹別のオスが一緒になっているのですね…。いいです、僕を5匹目の夫にしてください。ほかの旦那さんたちのじゃまにならない場所を選びますから。いやだと言われても、僕はあきらめませんよ。勝手について行きます。

ストーカーだと思われてもいいです。昔は大きなメスの体についた寄生虫だと思われていたそうですが、そんなことはまったく気にしません。どうか、あなたに同化させてください。

いきものとの出会いが少ない深海。その中で、同じ種類のメスと出会うのは、もはや奇跡に近いのかもしれません。一度出会ったら、決して逃すわけにはいかない。そんな必死の意気込みが感じられるのが、チョウチンアンコウのオスではないでしょうか。なんとメスに食いついて、皮膚が完全に同化してしまうのです。そのまま自分で泳ぐことも、食べることもなく、メスの体の一部となります。子孫を残すためにここまでするかと思うと、感動です。

赤ちゃんのときだけ目が飛び出しています。

これは私がまだ幼い頃の話なんですけどね。夜、海を泳いでいたら、目の前をす〜っと影が通り過ぎたんです。こわいなー、こわいなー。

よく見るとするどいきばに、ヘビのような体。ミズウオだったんですね。やだなー、見つかったら食べられちゃうなー。すると突然、ミズウオはこちらにせまってきたんですね。やばいなー、やばいなー。すると、目の前で急に止まったんです。そしてギョっとした顔をして震え声でこう言うんですね。「お、お前…その顔は…」と。

その瞬間、背筋がすぅ〜っと寒くなりました。恐る恐るミズウオの銀色の体にうっすら反射している自分の姿をのぞきこみました。そこに映っていたのは…！　目が左右にビョーンと飛び出た、「三叉の槍」のようなバケモノだったんですね。

私は無我夢中でそこから逃げました。それ以降、そのバケモノを見ることは二度とありませんでした。

和名	ミツマタヤリウオ
目・科	ワニトカゲギス目・ミツマタヤリウオ科
生息地	北海道から九州、北太平洋の温帯域
大きさ	成魚（オス）：体長約5cm、成魚（メス）：体長約50cm、幼魚：体長約3cm

ミツマタヤリウオ（幼魚）

恐怖の深海物語

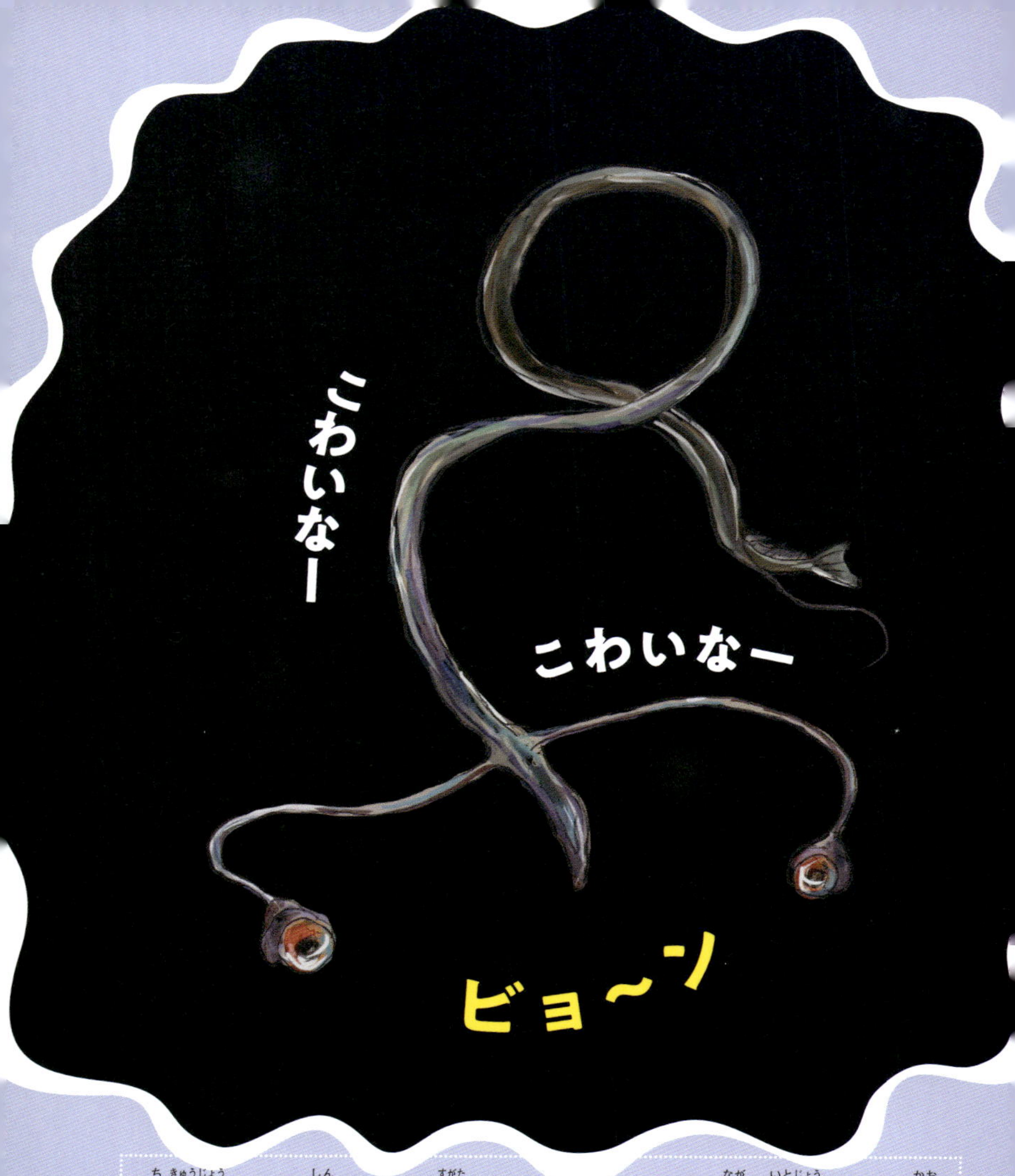

地球上にこんな信じられない姿のいきものがいるとは！　長い糸状のものが顔から出ていて、その先に目があります。さらにふしぎなことに、成長するにつれてこの目が少しずつ顔におさまっていくというのです。成魚になると、目は完全におさまり、大きな口にするどいきばを持った、これぞ深海魚という顔立ちになります。なぜこれほど目が飛び出ているのか。敵から身を守るために進化したとも言われていますが、くわしい真相はまだわかっていません。

ピカーン!

キンメダイさん

私の食べ物見つけたぞ…

かんたんにいうと
こういうことにゃ

ネコさん

人間の目

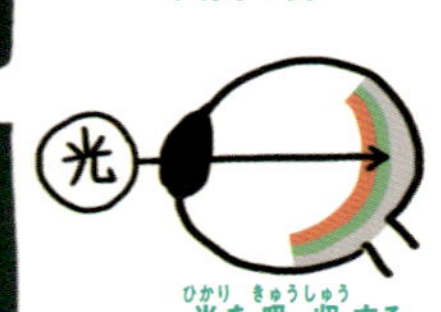

光を吸収する

ネコとキンメダイの目

タペータムで光を反射させる

- 網膜…光を電気信号に変える
- タペータム…光を反射する
- 脈絡膜…酸素や養分を補給する
- 強膜…眼球を守る

和名	キンメダイ
目・科	キンメダイ目・キンメダイ科
生息地	北海道から九州、インド洋、大西洋、太平洋
大きさ	体長約50cm

キンメダイ

我輩はネコである

深海のネコ目ちゃんとは私のことです。

私はネコが嫌いだ。やつらは魚を食べる。それも私のようなおいしい魚を食べる。じつにいまいましい。

しかし、不運なことにネコと私はある大きな共通点を持って生まれてしまったのである。

ネコの目は暗闇で光る。私の目も暗い深海で光る。じつは同じ構造なのだ。光るといっても発光しているわけではない。光を反射させているだけなのだ。

人間の目は、入ってきた光の一部を目のレンズの部分に集め、残りは使わずに吸収する。しかし、この暗い深海で、私は光を少しでもむだにしたくないと考えた。私は、入ってきた光を目の奥から反射させて、さらに再利用することにしたのだ。そのせいで、外から見ると私の目は光っているように見える。ネコも同じだ。

奇しくもこの同じ目の構造によって、ネコはネズミを、私は小魚を暗闇でも食べることができる。そんな私が、陸上ではネコに食べられる。なんと皮肉なことか。

少ない光を有効活用するべく、目を進化させたキンメダイ。目の奥にある反射板はタペータム（輝板）と呼ばれ、ネコやライオン、一部の深海魚が持っています。光が少ない深海で生きる魚には、視覚に頼ることをあきらめて目を退化させた者と、逆にキンメダイのように意地でも目で見ようと進化した者がいます。こうした生き方の選択が、深海魚を個性的な姿にしているのです。それにしても、地上と深海で同じ目の構造を持つなんて、ロマンがありますね。

ニュウドウカジカ

深海No.1のブサイクアイドル

和名	ニュウドウカジカ
目・科	スズキ目・ウラナイカジカ科
生息地	北海道から茨城県、オホーツク海、ベーリング海、太平洋
大きさ	体長約60cm

深海にいるときはブサイクじゃないんです。

もぉ～！　話聞いてた？　だからぁ、アタシを水からあげちゃダメって言ったじゃ～ん。でろ～んってなるって言ったじゃ～ん。顔たれさがっちゃうでしょ～。ていうか、水からあげた時点でアタシ死んじゃうんですけどぉ～！

海にいるときはすっごくかわいい顔してるのよ、アタシ。名前に「ニュウドウ」ってついてるでしょ。まんまる頭なの～。ポヨンとしてるのぉ～。かわいくな～い？

なのに、深海ではなかなか出会えないからとか言って、水から上げた顔の写真ばかり撮るの、やめてくれなぁ～い？　アタシ体がやわらかいの。筋肉もほとんどなくてゼラチン質なの。地上でとけちゃうのしかたなくな～い？　これ鼻じゃなくておでこの皮膚だから。まちがえないでねぇ。

え、アタシ世界のコンテストで1位になったの？　すごくな～い!?　どんなコンテストかしら。は？　「※世界で最も醜いいきものコンテスト」ってひどくな～い!?

とんでもない水圧がかかる深海。体を鋼のようにガチガチに固めておかないと押しつぶされそうですが、じつは深海にはブヨブヨした魚が多いんです。その理由は、水入りのペットボトルを想像するとわかります。容器がこわれない限り、どんなに押してもつぶれませんよね。これは水の持つ非圧縮性という性質によるもの。深海魚も同じように水分を多く含むことで、水圧に負けない体に進化してきました。水の力に水で対抗しているのです。

※2013年、イギリスのUgly Animal Preservation Societyが行った「世界で最も醜いいきものコンテスト」でニュウドウカジカが第1位にかがやいた。

僕の目玉は トリックアート

和名	デメニギス
目・科	ニギス目・デメニギス科
生息地	北海道から茨城県、ベーリング海、北太平洋
大きさ	体長約12cm

デメニギス

目の場所に戸惑うプラモデル型深海魚

頭に透明のコックピットを持っています。

人間はさ、自分が見たものがすべてになりがちでさ、想像力が足りないところがあるよね。僕らはさ、昔から発見されてたのにさ、見つかった個体が死んじゃっててさ。頭の透明なとこがこわれて、上を向いた大きな目が外に出てたからって、「デメニギス」なんて名づけられたんだよね。

大事な目をさ、外にさらしたまま泳ぐ無防備なことするなんてよく思えたよね。だれかコックピットを想像するとか、しなかったのかね。

深海魚はさ、お腹側をぼわっと光らせる発光器を使ってさ、上からほのかに差し込む日の光に紛れてさ、自分の影を消そうとするよね。獲物にそれをやられるとさ、下から見上げてもなかなか見つけられないんだよね。

でもさ、このきびしい深海でさ、そんなことくらいで油断してはダメだよね。僕みたいにさ、この緑の特殊な目で見上げてさ、発光器と体を見わけられるようになった魚もいるのにね。

まさか頭に透明なコックピットを持っているなんて普通想像できませんよね。一見かわいらしいイヌのような顔をしていますが、目に見えるのは鼻の穴。本当の目は、コックピットの中でギョロリと上を向いている緑の大きな球体です。この目は獲物のカウンターイルミネーション（お腹を光らせて紛れる方法）を見やぶってしまうすぐれもの。下からそっと近づくと、目がギュインと前を向くのだそうです。もういろいろびっくりです。

※このチューブには油がつまっている
※小すぎる脳
わしはとってもまずいぞ〜

英名	シーラカンス
目・科	シーラカンス目・ラティメリア科
生息地	アフリカ南東部、インドネシア
大きさ	全長約1～2m

河口
海面
サンゴ礁
岩礁
砂地
このへん
深海

シーラカンス

背骨がなくてもチューブがある

背骨がないまま長生きしてきました。

わしはのぅ、もうずいぶんと長いこと地球上におるがのぅ、ほとんど姿を変えておらんのじゃ。いきものがどのように進化してきたかを知りたければ、原始的な構造を持つわしのことを勉強するとよいぞ。

　多くの魚は脊椎動物じゃ。つまり背骨があるわけじゃ。しかし、わしには背骨がない。代わりに、チューブ状の脊柱というものが通っておる。このチューブのことをギリシャ語でシーラカンスと呼ぶのじゃ。「シー」は海のシーじゃないからの。

　ヒレの構造も特徴的じゃ。骨や関節が発達した、足のような胸ビレを持っておる。ここには、魚類から両生類への進化のヒントが隠されているかもしれんから、大事なとこじゃぞ。

　最後に、わしはな、世界で一番まずい魚とも言われておる。どうやら体のアミノ酸の構造が原始的すぎて、うまみとして感じられないらしい。そのおかげでここまで生き残れたのかもしれんな。まずくてよかったわい。


生きた化石として知られるシーラカンス。ほぼ環境の変わらなかった深海にいたからこそ、その姿のまま生き残ってきたとされています。小さすぎる脳も特徴のひとつです。絶滅危惧種のイメージが強いですが、アフリカのコモロ諸島やインドネシアの一部では、今でも元気に生きています。しかし、ワシントン条約で守られているため展示用としてはウロコ1枚たりとも国境を越えられない状態。日本の水族館で生きた姿を見るためには、日本近海で発見されるのを待つしかありません。

じつは派手ボディのほうが目立ちません。

みんなはどんなファッションで深海に行く？　シックな黒系？　それとも攻めの透明？　私はハデ色！　ハデって言っても、カラフルに着飾るわけじゃないのよ。赤系で統一感を持たせてコーディネートするの。

目立ちたいから赤コーデにしてるわけじゃないわ。暗い深海の中では、じつは赤って一番目立たない色なの。黒よりも海にとけこめるのよ。私たち、細いでしょ。敵に見つかったら勝ち目はないから、気配を消すために赤を身にまとうのよ。目立てばいいわけじゃない。環境にとけこむのも、ファッションでは大事よ。

今はこうして赤系に落ちついている私だけど、若いころは銀ピカファッションを身にまとっていたわ。まだ深海にもぐる前、浅い海にいたときの話ね。幼魚のときは全身銀色だから、海面のきらめきにまぎれるようにしてたの。そう、ファッションは年相応に変えていくものなのよ。

サギフエ

深海のファッションリーダー

和名	サギフエ
目・科	トゲウオ目・サギフエ科
生息地	北海道から九州、東シナ海、台湾
大きさ	体長約14.5cm

深海のトレンドは赤色マストっ

深海に赤い魚が多い理由は、青いセロハンを通してさまざまな色の紙を見る実験によって体験できます。セロハンが濃くなるにつれ、視界から赤が消え、一番目立たなそうな黒は、じつは影として見え続けます。目に見える光には波長というものがあり、長かったり短かったりします。その中で紫色の波長が一番短く、赤色の波長は一番長くなっています。水は長い波長ほどよく吸収するため、水深が深くなるほど赤の光は届かなくなります。赤い体の魚は闇にとけこみ、身を守ることができるのです。

誰か口の閉じ方を教えてください。

これ、どうやって口閉じればいいんだべ。深海は食べ物が少ねぇから獲物は絶対に逃がしたくないべ。したっけ、歯をでっかくしてみたけど、ちょっとばかしやりすぎだど？　口閉じたらアゴさ、貫通してしまうべ。でもこの歯のおかげで獲物を逃さず生き残れたんだべなぁ。

このおっかねぇ顔で口を開けっぱなしだからガン飛ばしてると思われてしまうだ。好きな子に笑顔で告白したら、こわいってフラれだど。どうしたらいいがね。歯医者で歯、けずってもらえばいんでねぇがね。までまで、名前のせいもあるんでねが？　ナマハゲでもねぇのにオニだべ？　ツノがあるのは子どものときだけで、今はつるつる頭だべ。

泳ぎ方パタパタさせてかわいこぶってみたけども、顔だけ注目されて、泳ぐ姿をあまり知られていないんだべ。イメージアップしたいべ。深海研究者さん、かわいい映像をたくさん撮ってけれ。

和名	オニキンメ
目・科	キンメダイ目・オニキンメ科
生息地	北海道から東北地方、太平洋、インド洋、大西洋の温帯域
大きさ	体長約9cm

オニキンメ

見た目は極悪、心はピュア

こりゃあ、歯～でっかく
しすぎだべ。

大丈夫。深海魚ファンの間では、この顔、大人気です。名前の通りキンメダイに近い仲間で、味はおいしいそう。浅い海をただよって生活している幼魚は、大きな2本の角を持ったオニのような姿。成魚とあまりにかけはなれた見た目なので、以前は別種だと思われていました。オニキンメにはこれだけりっぱな歯が生えているのですから、たしかに獲物を捕らえるのは得意なのでしょう。ただ、串刺しになった獲物が歯から抜けなくなったりはしないのか心配です。

ちと遅いがの…
いいのじゃ

残念では
ござらんぞ

和名	ワヌケフウリュウウオ
目・科	アンコウ目・アカグツ科
生息地	房総半島から日向灘、東シナ海、フィリピン諸島
大きさ	体長約9cm

ワヌケ フウリュウウオ

ヒレを捨てよ、砂地を歩こう

泳ぐのがへたすぎて歩いてます。

そう「かわええ、かわええ」申してはあきまへん。麻呂は風流な暮らしぶりをしておりますのや。「雅やか」という言葉を使っときなはれ。

麻呂はやたらと泳いだりはしまへん。海底で静かに凛と立っておりますのや。麻呂はヒレを使って歩けますのや。

泳げぬわけではありまへんわ。歩くほうが風流やから、泳がぬだけでおじゃる。決して、泳げぬわけではありまへん。少し遅いだけでおじゃる。か、かわいそうなどと申すな！　無礼であろう！

じつは麻呂、アンコウの仲間でおじゃる。とんがった鼻先の下にちゃんと釣竿を持っておりますのや。ちょこっと動かせます。釣りに使えぬわけではありまへんわ。能力を隠している方が風流やから、使っていないだけでおじゃる。

決して小さすぎて見えないから使えないわけではありまへん。正面からのぞけばちょこっと見えるでおじゃる。こ、こら、そのあわれむような目はなんじゃ！

「ワヌケ」というのは背中に輪っかのような小さなもようがあることから、「フウリュウ」は風流が由来です。なんとも雅な名前をつけてもらったものですね。たしかに、海底にスクッと立ち、ポワンとした表情で少し遠くを見ている姿はどこか公家のような雰囲気があるかもしれません。英名だとバットフィッシュ（コウモリ魚）ですが、コウモリのように飛び回るどころか、泳ぐのは苦手。胸ビレと腹ビレが進化した足で懸命に歩く姿は、愛くるしいです。

なんかイメージとちがってすみませんねぇ
マリンスノーはつめたくないの

和名	コウモリダコ
目・科	コウモリダコ目・コウモリダコ科
生息地	全世界の温帯、熱帯域
大きさ	体長約30cm

河口
海面
サンゴ礁
岩礁
砂地
このへん
深海

コウモリダコ

コワモテだけど質素な食生活

こんな顔してじつは指しゃぶりが大好きです。

「我は地獄の吸血イカ。深紅の体にぶきみな青い目。闇の支配者であるぞ！」

あ、スミマセン、学者から「※地獄の吸血イカ」なんて名前つけられちゃったから、役づくりでやってみてるだけです。そもそも僕、イカでもないし、なんならタコでもないんですけどね。コウモリダコ目です。もっとこう、原始的ないきものと言いますか。

「このトゲトゲの腕で魚でもしめ殺してやろうぞ！」

いえ、体力消耗しちゃうんで、生きた魚なんて襲いませんよ。プランクトンの死がいがマリンスノーとなって降ってきますでしょ。そういうチマチマしたものを食べてます。2本の触糸で集めてお団子作って、人間でいう指しゃぶりをチューチューやってるんです。

「我は体を反転させ、トゲトゲボールになることができる。体当たりしたら、ケガだけではすまないぞ！」

あ、このトゲトゲですけど、意外とやわらかいんですよ。怒ってるんじゃなくて、襲われて驚いて、膜で頭を隠そうとしてるだけなんですわ。

※学名＝*Vampyroteuthis infernalis*

深海の中でも酸素が少ない層に住む、ぶきみな雰囲気をもったコウモリダコ。その見た目と裏腹にかわいらしい食事をするようです。長く伸びる触糸の先には吸盤が。そこから出す粘液でマリンスノー（水中にただようプランクトンの死がい）をボール状にまとめ、触毛が並んだ足で口に運んで食べるとされています。ただ、まだなぞ多きいきもの。観察されていないだけで、生きた魚を襲うことがないとは言い切れません。今後の研究で少しずつ生態が明かされていくのが楽しみです。

現在

昔はよかったなあ…

和名	マカフシギウオ
目・科	カンムリキンメダイ目 フシギウオ科
生息地	駿河湾、インド洋から太平洋南域
大きさ	幼魚：体長約1.1cm

マカフシギウオ

過去の栄光を引きずる魚

マカフシギなのは小さいときだけなんです。

昔はよかったな。「マカフシギだ！」ってちやほやされてな。長くて奇抜な形の腹ビレのおかげでキャーキャー言われるんで、ほかの魚からよくねたまれたな。フン引きずって泳いでるとか言われてさ。あのときはムカついて、切り外してやろうと思ったこともあったけど、あれこそ俺のチャームポイントだったんだな。

若いころの俺は、浅い海で常に光を浴びていた。それが今はどうだい？　こんな深海で落ちぶれてさ。あの長かった特徴的な腹ビレもいつの間にかなくなってさ。つまんねー魚になっちまったな。

マカフシギウオって名前、昔は気に入ってたけどさ、今となっては恥ずかしさしかないよ。だって、名乗るたびに「どこがマカフシギなんですか？」みたいな顔されるんだぜ？

「ふしぎじゃないのにこの名前、そこがマカフシギなんです、あはは」とか言って笑い飛ばすけど、心じゃ泣いてるぜ。あーあ、昔にもどりてぇなぁ。

枝の先に葉っぱか木の実がつながっているかのような奇妙な形の腹ビレ。それが自分の体よりずっと長く伸びていて、引きずって泳ぎます。これはたしかにマカフシギ！　この幼魚が発見されたとき、まずはフシギウオと命名されました。その後、似た特徴を持つ新種が発見され、名前はマカフシギウオに。しゃれたセンスですよね。それにしても、いったいなにに使う器官なのでしょう。擬態のためとも考えられていますが、いまだにわかっていません。

悪いこと言わねぇから
1人5切れまでにしとけよっ

和名	バラムツ
目・科	スズキ目・クロタチカマス科
生息地	世界中の温帯、熱帯域
大きさ	体長約1.5m

河口
サンゴ礁
岩礁
砂地
海面
このへん
深海

バラムツ

絶対に食べ過ぎてはいけない魚

僕のこと食べるとおしりが大変ですよ。

　奥さん、安いよ安いよ！　今日は特別にまぼろしの深海魚の僕が大特価！　巨大な体にかたいウロコ。大きな口にするどい歯。さあ、近くによって深海の主の姿をごらんあれ！

　奥さん、試食していきなよ。ね、うまいっしょ！　このうまさには、秘密があるんだな〜。

　僕ら深海魚は、省エネで生きているんだ。食べ物が少ないからあまり動きたくなくてね。だからヒレをバタバタしなくても浮いていられるように体に油をたっぷりたくわえているの。空気の入った浮袋じゃあ、水圧でつぶされちまうからね。だから深海魚は脂が乗っておいしいのさ。その中でも僕は格別。ほかの魚とは明らかに脂の乗りがちがうでしょ。さあ、買った買った！

　あ、ちなみに、おひとり様お刺身5切れまでだよ。奥さんはさっき試食したから、売れるのはあと4切れだけ。それ以上食べると、おしりから油たれ流しになるからね。量は必ず守ってよ！


深海魚の体には油が詰まっており、浮力を保ち、省エネで生きられる構造になっています。しかし、多くの深海魚の油とちがい、バラムツの油は人間が消化できないワックスエステルというもの。たくさん食べると消化できなかった油がおしりから出てくると言います。それも、なんの前触れもなく何時間もたれ流し。量が度を超すと危険な中毒症状を起こすとも言われているので笑い話ではありません。食べたいときは、専門家の指示に従いましょう。

column 5

カリブの海のライフハック

こんなとき、どうする？

いざというときはこれで解決！ ウツボもサメも〝ぜんぶネコ〟

日常的にウツボやサメと戦わなければならないという人は少ないかもしれません。しかし、長い人生の中で一度くらいは、そんなタイミングがあるかもしれませんよね。そのときにそなえて、彼らとのふれ合い方をお教えしましょう。

　まずはウツボ。ときに、彼らはそのままでは飲みこめないほど大きな獲物に食らいつくことがあります。そんなとき、自分の体を結び目にして、そこから頭を抜き、くわえた獲物をグニャリとへし折るスゴ技をみせます。そのくらいウツボの体はやわらかくて力強いのです。ウツボとはじめて戦う人は、顔のいかつさから、なるべくしっぽをつかもうとするのではないでしょうか。するとウツボは、たくましい腹筋・背筋力でもって上体を反らし、腕にかみついてきます。

　次に、サメ。ここで想定しているのは、小型のナヌカザメです。彼らは軟骨魚類なので、かたい背骨がない分、体はやわらかく曲がります。そしてやはり、力強い。以下、ウツボと同じ現象が起きます。しっぽをつかんではいけません。

　では、どうしたらいいのか。キーワードは〝ぜんぶネコ〟です。よく、ネコを

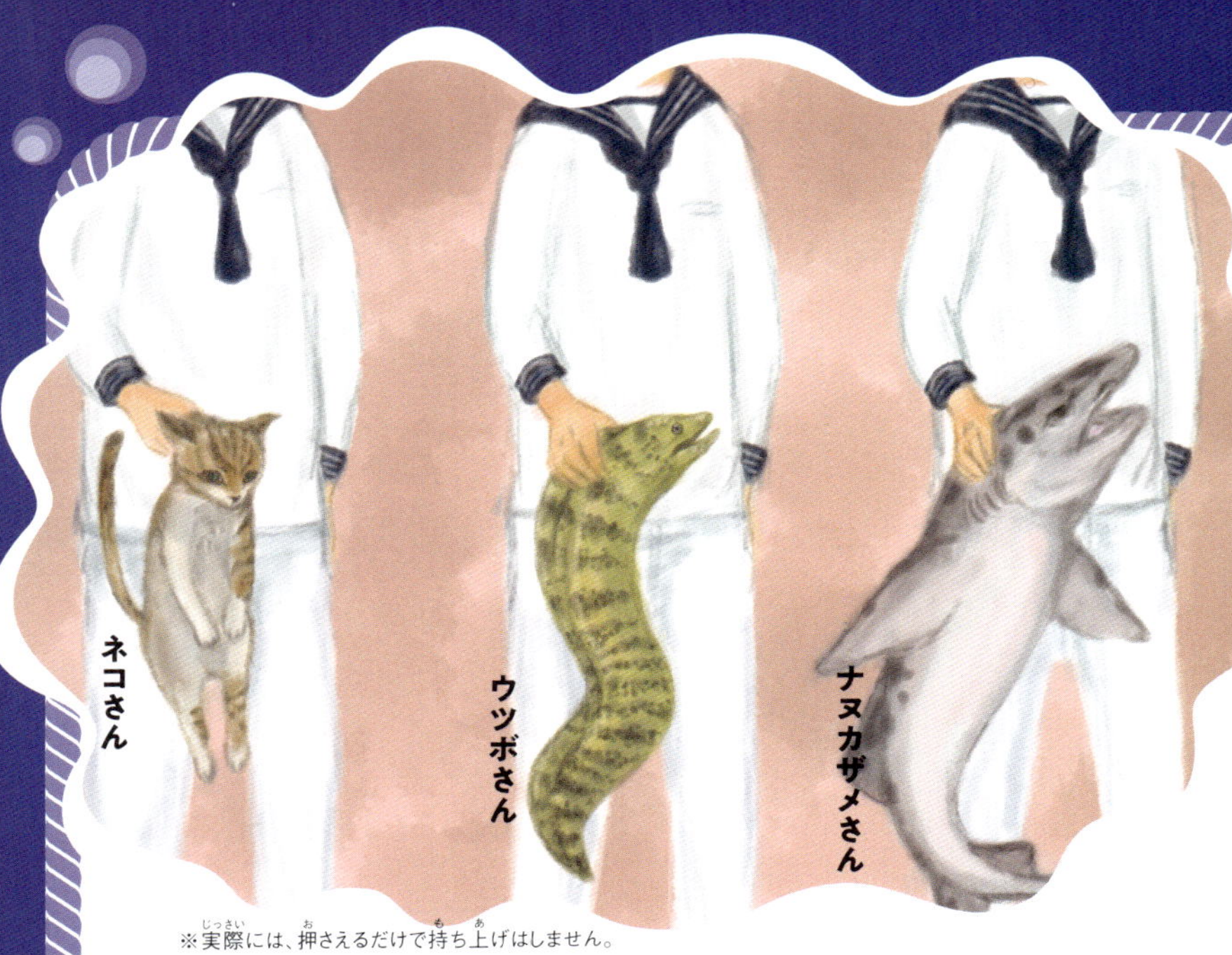

※実際には、押さえるだけで持ち上げはしません。

おとなしくさせるために、首根っこをつかむと言いますよね。そうすると、リラックスしてあばれなくなるとか。ウツボやサメも、あれと同じようにすればいいのです。頭のうしろ、エラの上あたりの少しくぼんだ部分をグッとつかむと、どう体を反らせてもかまれることはありません。

この方法、タコにもカニにも応用できます。タコの口は足の付け根にあるので、頭と足の間のくびれ部分をつかむと、かんたんにはかまれません。カニは甲羅の両サイドをつまむと、ハサミがとどかずに、はさまれにくくなります。

ただ、これはあくまでいざというときの話。基本的にはあぶないですし、いきものが弱ってしまう可能性もあるので、なるべく戦わないことが一番です。

おわりに

地球表面の約7割を占める海。

そこに暮らすいきものたちの生態は、まだまだわかっていないことがたくさんあります。

大学や水族館で働く研究者は、日々海のいきものの驚くべき生態を発見して、私たちにその魅力を教えてくれています。

ですが、そんな私たちもまた、研究者であり、発信者になり得るのです。

家の水槽で魚を飼って、毎日ごはんをあげながら会話をしている人。

網を持って漁港や磯に出かけ、まだあまり研究されていない幼魚を採集して記録に残す人。

水族館に通って、1匹1匹の個性や水槽の中でのいきもの同士の関わりを観察している人。

皆、自分の目で、体で、心で、海のいきものたちと触れ合って、新しい気づきを見つけている、立派な〝研究者〟だと僕は思います。

僕自身もそんなひとりです。幼稚園生のころから、どんなおもちゃやゲームで遊ぶより網をにぎって海をのぞくことが好きで、つねに魚図鑑を持ち歩き、学校のテスト期間が終わると必ず水族館を訪れ…。

好きなことに没頭しているうちに、気づいたらこうして魚の本を書かせていただくまでになりました。

「必要は発明の母」と言われますが、「好き」は探究の母だと思います。何者にも勝る原動力です。

この本を読んでくださった方が、海のいきものの愛らしさに心癒され、彼らの生態に興味を持って、自分なりの方法で〝研究者〟になってくれたら嬉しく思います。

さいごになりますが、生態に忠実かつユニークなイラストを描いてくださったイラストレーターのekoさん、OCCAさん、カラシソエルさんをはじめ、この本ができるまでのさまざまな場面で力をお貸しくださったたくさんの皆さんに、心から感謝申し上げます。

鈴木香里武

さくいん

●参考文献

『日本産魚類検索 全種の同定 第三版』(東海大学出版部)
『新訂 原色魚類大圖鑑』(北隆館)
『小学館の図鑑Z 日本魚類館』(小学館)
『日本動物大百科 5 両生類・爬虫類・軟骨魚類』(平凡社)
「動物大百科 13 魚類」(平凡社)
『世界で一番美しいイカとタコの図鑑』(エクスナレッジ)
『日本クラゲ大図鑑』(平凡社)
『海洋生物ガイドブック』(東海大学出版部)
『日本のウミウシ〔ネイチャーガイド〕』(文一総合出版)
『日本産魚類大図鑑―The fishes of the Japanese archipelago』(東海大学出版部)
『深海生物大事典』(成美堂出版)
『深海のフシギな生きもの 水深11000メートルまでの美しき魔物たち』(幻冬舎)

●いきものデータ協力

岡山大学(P.122サザエ)
千葉県立中央博物館動物学研究科/駒井智幸(P.86シオマネキ)

全国の主な水族館リスト

都道府県	水族館	住所	URL
北海道	おたる水族館	小樽市祝津3-303	https://otaru-aq.jp
	登別マリンパークニクス	登別市登別東町1丁目22	https://www.nixe.co.jp
秋田県	男鹿水族館GAO	男鹿市戸賀塩浜	http://www.gao-aqua.jp
宮城県	仙台うみの杜水族館	仙台市宮城野区 中野4丁目6番地	http://www.uminomori.jp
山形県	鶴岡市立加茂水族館	鶴岡市今泉 字大久保657-1	https://kamo-kurage.jp
福島県	アクアマリンふくしま	いわき市小名浜辰巳町50	https://www.aquamarine.or.jp
茨城県	アクアワールド 茨城県大洗水族館	東茨城郡大洗町磯浜町 8252-3	http://www.aquaworld-oarai.com
千葉県	鴨川シーワールド	鴨川市東町1464-18	http://www.kamogawa-seaworld.jp
東京都	サンシャイン水族館	豊島区東池袋3-1 サンシャインシティワールドインポートマートビル 屋上	http://www.sunshinecity.co.jp/aquarium
	東京都葛西臨海水族園	江戸川区臨海町6-2-3	http://www.tokyo-zoo.net/zoo/kasai
	しながわ水族館	品川区勝島3-2-1	https://www.aquarium.gr.jp
	マクセル アクアパーク品川	港区高輪4-10-30 品川プリンスホテル内	http://www.aqua-park.jp/aqua
	すみだ水族館	墨田区押上1-1-2 東京スカイツリータウン・ソラマチ 5-6F	http://www.sumida-aquarium.com
神奈川県	横浜・八景島 シーパラダイス	横浜市金沢区八景島	http://www.seaparadise.co.jp
	新江ノ島水族館	藤沢市片瀬海岸2-19-1	http://www.enosui.com
	京急油壺マリンパーク	三浦市三崎町小網代 1082	http://www.aburatsubo.co.jp
	ヨコハマおもしろ水族館・ 赤ちゃん水族館	横浜市中区山下町144 チャイナスクエアビル3F	http://www.omoshirosuizokukan.com
新潟県	新潟市水族館 マリンピア日本海	新潟市中央区西船見町 5932-445	https://www.marinepia.or.jp
	上越市立水族博物館 うみがたり	上越市五智2丁目15-15	http://www.umigatari.jp/joetsu
富山県	魚津水族館	魚津市三ケ1390	http://www.uozu-aquarium.jp
石川県	のとじま水族館	七尾市能登島曲町 15-40	https://www.notoaqua.jp

静岡県	伊豆・三津 シーパラダイス	沼津市内浦長浜3-1	http://www.izuhakone.co.jp/seapara
	下田海中水族館	下田市三丁目22-31	https://shimoda-aquarium.com
	東海大学 海洋科学博物館 海のはくぶつかん	静岡市清水区三保2389	http://www.umi.muse-tokai.jp
	沼津港深海水族館 シーラカンス・ミュージアム	沼津市千本港町83番地	http://www.numazu-deepsea.com
	あわしまマリンパーク	沼津市内浦重寺186	http://www.marinepark.jp
岐阜県	世界淡水魚園水族館 アクア・トト ぎふ	各務原市川島笠田町1453	http://aquatotto.com
愛知県	名古屋港水族館	名古屋市港区港町1-3	http://www.nagoyaaqua.jp
	竹島水族館	蒲郡市竹島町1-6	http://www.city.gamagori.lg.jp/site/takesui
京都府	京都水族館	京都市下京区観喜寺町 35-1梅小路公園内	https://www.kyoto-aquarium.com
三重県	鳥羽水族館	鳥羽市鳥羽3丁目3-6	https://www.aquarium.co.jp
	志摩マリンランド	志摩市阿児町神明 723-1(賢島)	https://www.kintetsu.co.jp/leisure/ shimamarine
	伊勢夫婦岩ふれあい水族館 伊勢シーパラダイス	伊勢市二見町江580	https://ise-seaparadise.com
大阪府	海遊館	大阪市港区海岸通 1丁目1-10	https://www.kaiyukan.com
	NIFREL(ニフレル)	吹田市千里万博公園2-1 EXPOCITY内ニフレル	https://www.nifrel.jp
兵庫県	神戸市立 須磨海浜水族園	神戸市須磨区若宮町 1丁目3-5	http://sumasui.jp
広島県	みやじマリン 宮島水族館	廿日市市宮島町10-3	http://www.miyajima-aqua.jp
福岡県	マリンワールド海の中道	福岡市東区大字西戸崎 18-28	https://marine-world.jp
大分県	大分マリーンパレス 水族館「うみたまご」	大分市高崎山下海岸	https://www.umitamago.jp
鹿児島県	いおワールド かごしま水族館	鹿児島市本港新町3-1	http://ioworld.jp
長崎県	九十九島水族館 海きらら	佐世保市鹿子前町1008	https://www.pearlsea.jp/umikirara
山口県	市立しものせき水族館 海響館	下関市あるかぽーと6-1	http://www.kaikyokan.com
沖縄県	沖縄美ら海水族館	国頭郡本部町石川424	https://churaumi.okinawa

※休館日・営業時間・駐車場の有無等は、必ずお出かけ前にHP等でご確認ください。
※2018年11月時点での情報です。
※ここでご紹介しきれなかった水族館もたくさんあります。ぜひお近くの水族館に足を運んでみてください。

鈴木香里武（すずき かりぶ）

学習院大学大学院在学中。（株）カリブ・コラボレーション代表取締役社長。荒俣宏が主宰する「海あそび塾」塾長。岸壁幼魚採集家。MENSA会員。幼少期より魚に親しみ、さかなクンをはじめとする専門家との交流・体験を通して魚の知識を蓄える。観賞魚の癒し効果を研究する心理学研究者「フィッシュヒーラー」として、トレードマークのセーラー（水兵）服姿でタレント活動をする傍ら、水族館の館内音楽企画など、魚の見せ方に関するプロデュースも行う。名前は本名で、名付け親は明石家さんま。

海でギリギリ生き残ったらこうなりました。
進化のふしぎがいっぱい！海のいきもの図鑑

2018年12月13日　初版発行

著者／鈴木 香里武

発行者／川金 正法

発行／株式会社KADOKAWA
〒102-8177　東京都千代田区富士見2-13-3
電話　0570-002-301（ナビダイヤル）

印刷所／図書印刷株式会社

ISBN 978-4-04-604122-7　C8045